STYLE

STYLE

人氣料理設計師的風格提案，
無添加×美味×簡單的四季罐裝保存食

瓶漬魔法

小寺宮 KOTERA MIYA／著

黃薇嬪／譯

前言——讓「瓶漬魔法」活躍於每天的三餐之中！

一打開我家的冰箱，就會看見裡頭擺著各式各樣自己做的罐裝食品。下酒菜、常備菜、醬菜、醬汁、調味料……大概隨時都有二十種以上吧！每當我想要做菜時，這些罐裝食品正好就能派上用場。

事情發生在某天……

那天我下班回到家已經很晚了，急忙站在廚房裡做菜，只花了十分鐘，就利用罐裝食品做出一桌菜，看到我如此快速完成，原本餓著肚子一直等的老公說：「簡直就跟『魔法瓶』沒兩樣！」

「魔法瓶」這句話讓我感到很開心，從那天之後，更熱衷於製作罐裝食品。

現在，我不只製作用來當配菜的罐裝食品。

每當京都老家和栃木縣的親戚，送來吃也吃不完的水果時，我會趁著水果還沒壞掉之前，把它們製作成糖漬水果或果醬等裝瓶，這樣一整年都可以享用到水果的美味。忙碌時，只要手邊有一罐糖漬水果，就能緩和情緒，吃一小口甜品便能讓人感覺幸福。罐裝食品就是擁有這種偉大的力量！

製作罐裝食品時，也能夠感受到四季推移。

因爲春、夏兩季，各自都有屬於這個季節的罐裝食品。五月收到實山椒的話，我們會全家總動員（話雖如此，不過也就三個人）一起摘除實山椒的梗和葉子，再做成鹽漬實山椒或山椒小魚。紅紫蘇盛產的季節，就會將它拿來水煮，做成夏天製作冷飲用的糖漿。至於秋天，就將香菇用油漬，冬天則是醃漬白菜。仔細一想，因爲罐裝食品都在食材盛產的季節製作，價錢最便宜，因此相當經濟實惠。

也許你會說「我太忙了，連製作罐裝食品的時間都沒有……」，我明白各位的心情。

但是，忙碌的人更應該趁著能夠早點回家的日子，來製作罐裝食品，這樣才能夠幫助大家減輕每天做飯的負擔。

再說，製作罐裝食品時，鍋子冒出水蒸氣所發出的聲響，以及瀰漫在空氣中的食物香味，都能夠幫助放鬆疲憊的身心，十分不可思議。食物的香氣可是比任何頂級香精油，還要能緩和心靈，讓人心平氣和，擁有魔法般的力量！

本書將介紹超過六十種以上的罐裝食品製作方式，有些只需要簡單的調味料與材料加以組合即可，有些必須稍微花點時間和步驟製作。

大家可以先從看起來很美味，或不難製作的罐裝食品開始嘗試。之後，再將這些罐裝食品稍微變化花樣，就能夠製作出個人專屬的「魔法瓶」，這眞是讓人感到最開心的事了！

contents

3 想要趁新鮮保存的 罐裝水果與香草

4 幫助料理提味的 魔法調味料

抹醬・辛香料

小品文 Essay

專欄 Column

企劃・構成／東京圖鑑公司
攝影／こてらみや ハタヤマノブヤ
插畫／林まゆみ

製作罐裝食品前須知

想要製作安全又能有效保存的罐裝食品，你必須先知道消毒的方法與容器的特徵。以下是製作罐裝食品時，最重要的基本常識，開始烹調之前，請各位務必閱讀。

關於容器的消毒

罐裝食品最容易疏忽的，就是造成腐壞的雜菌和黴菌。將食物放入容器裡時，一定要使用消毒過的乾淨容器。尤其是梅雨季節等濕度高的時期，雜菌容易繁殖，必須小心。

酒精消毒

盛裝短期內就會吃完的熟食的容器，以及無法放入鍋子的大型容器與小口徑容器，這些容器都可用酒精濃度較高（35度以上）的甲醇或食用酒精消毒，非常簡單。

大口徑的容器可用廚房紙巾沾酒精擦拭內側，密封條和蓋子也務必消毒。至於手無法搆到的小口徑容器，可在裡頭倒入適量酒精，用力晃動消毒，等待乾燥後即可使用。

煮沸消毒

這是最確實的方法。尤其是沒煮過的食材、果醬、糖漬品等需要長期保存時，建議使用這種方式。

在大鍋子底部鋪上毛巾，上面擺放容器，加水，以中火慢煮到沸騰，大約煮十分鐘後取出。取出的容器要擺在乾淨的毛巾上，瓶口朝下放置，自然風乾。蓋子和橡皮密封條長時間放在熱水裡會變形，所以煮二十秒左右就要取出。

容器的脫氧

果醬、糖漿、糖漬物等需完全排除容器內的空氣，藉此延長保存時間，這個方法稱為脫氧。

將食品裝至八分滿，輕輕蓋上蓋子。接著在鍋底鋪上毛巾，放入容器，水加到容器高度的七分左右。點火煮沸後，轉小火繼續煮三十分鐘後取出，將瓶蓋重新蓋緊，瓶身倒扣，等待自然冷卻。確實脫氧殺菌的話，食品常溫約可保存一年。

容器的種類

玻璃容器不容易沾附食物的味道，且耐熱耐酸蝕，最適合用來保存食品。再加上瓶身透明，不用打開蓋子也能夠確認內容物。容器的種類很多，每種容器都有不同特徵，請各位配合目的選擇使用。

扭蓋式容器

開關容易，密封性高，因此適合用來保存任何食品。回收使用市售的果醬和甜鹹滷空瓶時，要注意確認蓋子的密封膠條是否損傷。

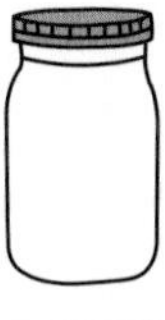

塑膠蓋廣口瓶

蓋子容易開關，反過來說，也就是無法脫氧或完全密封，適合盛裝必須放入冰箱冷藏、每天食用的熟食或醬菜。

密封廣口罐

市面上有許多附有橡膠或矽膠密封膠條的容器。耐酸蝕、廣口，大小尺寸均有，因此適合用來保存西式醬菜或糖漬物。

窄口瓶

窄口瓶最適合用來盛裝糖漿、醬汁。蓋子劣化或為王冠蓋時，可使用口徑適合的軟木塞替代。軟木塞可在家具家飾中心等地方購得。

方便的器具

以下將介紹我製作罐裝食品時，所使用的器具之中，特別值得推薦的物品。

利用手邊現成的器具也可以，不過如果有底下這些器具會更方便，希望各位將來也考慮備齊這些物品。除了製作罐裝食品外，烹飪時也能夠派上用場。

鍋子

琺瑯鍋耐酸蝕與鹽分，因此最適合用來製作果醬。材質較厚的鍋子保溫功能也高，值得推薦。

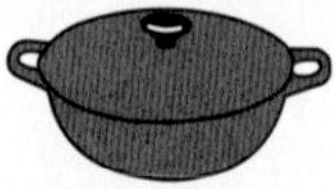

計量工具

以公克為單位的電子秤很好用。量匙則是深的比淺的量起來更準確。至於量杯，如果有500cc和200cc（每杯）兩種尺寸就很方便。

篩網和紗布

用來過濾或擠汁時很方便。與廚房紙巾不同，可以反覆清洗使用，非常耐用。尤其是篩網，用久了會變軟，變得更好用。

食物調理機

一眨眼就能夠把食材打成泥或搗碎，十分方便。手持式攪拌器對付少量食材很好用，清理收拾也不難，值得投資一台。

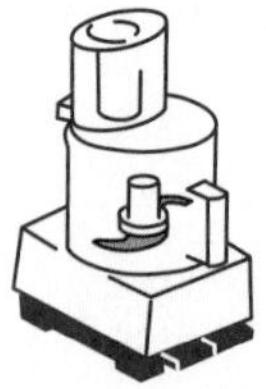

夾子和塑膠手套

夾子可用來取出煮沸消毒的容器，推薦選購末端是矽膠材質的產品。塑膠手套可用來打開關得太緊的瓶蓋，或是將發燙的瓶蓋關上。

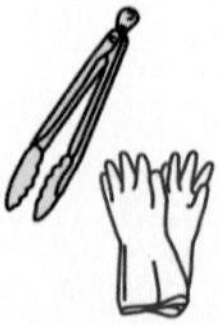

漏斗

使用於糖漿或果醬裝罐時，可幫助順利裝瓶，不弄髒瓶口，食材也不會漏出來。

關於料理用語

●少許、一撮

「少許」的標準是拇指和食指捏住的份量。「一撮」有時也會寫成「少量」，意思是拇指、食指和中指捏住的份量。

●適量、適度

「適量」是剛剛好的份量。「適度」是依照個人喜好，只要你覺得需要，即可加入。

●降溫

將加熱過的東西擺著放冷，直到能夠用手直接觸碰的溫度。可裝在鍋子裡浸泡流動的水；若是固態物，可攤開放在竹篩或烤盤上冷卻。

●撈除雜質

雜質是食材所含的苦澀物質。烹煮食材時，這些物質會與泡沫一起溶出，可用湯勺將這些雜質撈起清除。

●泡水

將有澀味或辣味的食材泡水，去除這些味道。或藉由泡在水裡讓蔬菜等吸收水分，增加爽脆口感。

●過水汆燙

想要去除澀味或黏稠感時，可將食材水煮，再把水倒掉。

●冷水冰鎮

水煮麵線或蕎麥麵等，用流動的清水洗過，去除表面的黏稠感。用冷水冰鎮過後，能夠讓麵條吃起來有滑溜口感。

●收乾水分、煮沸

「收乾水分」是指把水分煮到乾。「煮沸」是指讓食物沸騰。

●寒乾、風乾

兩者都是用來風乾蔬菜或魚類的方法，去除多餘水分，濃縮鮮味。在寒冷的季節進行的風乾稱為「寒乾」。

●入味、調味

「入味」是指讓整體都有味道。「調味」是指一邊調整味道，最後撒上適量的鹽等調味料。

●靜置

為了讓東西入味，將已經調味的材料暫時擺著。

●小蓋子

製作滷味時，使用比鍋子小一圈的小蓋子直接蓋著材料，讓滷汁能均勻分布在所有材料上，避免有東西沒入味，也能防止食材煮過爛。市面上有木頭製和不鏽鋼製的專用小蓋子，也可使用廚房紙巾或鋁箔紙代替。

關於計量

計量工具標準為1杯＝200cc，1合（一個量米杯）＝180cc，1大匙＝15cc，1小匙＝5cc。

◎全部都是平杯／平匙測量。

關於保存期限

保存期限會根據使用材料與製作環境而不同。本書標示的只是大概的標準，請各位務必憑藉自己的舌頭和眼睛確認，只要感覺不對勁就應該丟掉，別覺得浪費。

好了，咱們動手吧！

書中食譜的份量是根據我使用的調味料，以及我喜歡的口味所寫成。糖、鹽等使用的調味料不同，或是火力大小、烹飪器具的不同，都會改變味道。因此，書中食譜只是參考標準，請各位相信自己的舌頭自行調整。如果大家能夠藉由本書食譜做出屬於「自己的味道」，將是筆者的榮幸。

◎關於調味料的詳細說明可參見50頁，香料的介紹可參考162頁。

第 1 章

簡單又方便的
罐裝日式熟食

醬油漬山葵葉

山葵不只是根部，連葉子和莖都可以食用，是「日本特產的香草」。最近一到春天，就能夠在超市或蔬菜店門前看到鮮綠色的山葵葉。

話雖如此，山葵葉出現在市場上的時間只有四月到五月，十分短暫，因此我家會以醬油醃漬馬上能吃完的份量，放入冰箱冷藏，剩下的則冷凍保存。如此一來，就能延長享受山葵莖爽脆口感與刺激鼻腔深處清爽香味的時間。山葵葉的辛辣具有揮發性，因此保存時要盡量避免接觸空氣。

材料（方便製作的份量）

山葵葉（或山葵花）250g、粗鹽1/2大匙、砂糖1小匙
〈A〉醬油、日本酒各3大匙、味醂1大匙、醋1小匙

作法

①山葵葉洗乾淨後切成3cm大小。
②把〈A〉放入鍋中煮沸後冷卻。
③將山葵葉與粗鹽放入盆中搓揉，再注入大量90度左右的熱水，以筷子攪拌。
④快速倒在篩網上沖冷水，瀝乾水分。裝入密封容器裡加入砂糖，用力搖晃約三十次（為了讓辛辣味出來）。直接放入冰箱冷藏一晚。
⑤將②和④放入容器裡，表面覆蓋保鮮膜後蓋上蓋子，盡量避免接觸空氣。最好趁著辛辣味還沒跑掉，在十天內享用完畢。

＊將容器裝至八分滿，可冷凍保存。

淡味佃煮蜆仔

用醬油和砂糖燉煮的鹹甜味佃煮料理，是保久食品的代表之一。道地的江戶佃煮是最適合搭配日本酒一起享用的下酒菜，不過因爲味道太重，很難一口氣吃太多，因此，才衍生出這種口味較清淡的「淡味佃煮」。因爲沒有熬煮過頭，就能保持蜆仔肉質軟嫩，而且有剛剛好的鹹甜味，讓人一口接著一口吃個不停。

本書食譜使用的是帶殼的蜆仔，如果使用去殼的蜆仔，只要十分鐘就能完成。平日忙碌的人請務必試試。

材料（方便製作的份量）

蜆仔（帶殼）450g、日本酒1/2杯、砂糖1大匙、醬油2小匙、嫩薑1塊（大約是拇指第一節的大小）

作法

①鍋中放入吐過沙的蜆仔和日本酒，蓋上蓋子以中火煮。沸騰後轉小火，偶而搖晃鍋子。等到蜆仔的殼打開，取出蜆仔肉，過濾湯汁。

②鍋中放入①濾過的湯汁100cc，加入砂糖、醬油、嫩薑絲後，以大火煮。嫩薑絲煮軟，湯汁煮出光澤就加入蜆仔。用橡皮刀翻攪，同時用偏強的中火煮至湯汁剩下一點點的程度。冷卻後裝瓶，放入冰箱保存，一個星期內要吃完。

*讓蜆仔吐沙的方法是用3杯水加上1大匙粗鹽，製成鹽水後，放入蜆仔，蓋上報紙等，靜置約兩小時。

奢侈鹽漬透抽

（譯注：學名北魷Todarodes pacificus）

雖然透抽可以生吃，不過這道菜就是希望認爲「鹽漬透抽有腥味，不喜歡！」的人能夠試試看。事實上我自己也不喜歡鹽漬透抽，不過配合老公的要求試作之後，才發現眞好吃。這道食譜沒有使用透抽腳和鰭的部分，所以能夠吃得很優雅，柚子香氣更可以有效去除腥味。

但也因爲鹽巴用量較少的關係，又沒有其他保久材料，所以只能保存約一個星期左右。話雖如此，在我家總是兩、三天就吃光光了。

材料（方便製作的份量）

透抽1尾、日本酒2大匙、粗鹽適量、柚子皮（切絲）適度

作法

①手指插入透抽身體，拔出肝臟和透抽腳。

②拿掉肝臟上的墨囊，切下透抽腳避免弄破肝臟。用大量粗鹽包裹肝臟，放入冰箱冷藏一晚。

③切開透抽身體，拿掉軟骨和鰭，用廚房紙巾去除薄膜（內側的也要）。用少量日本酒和粗鹽塗抹兩面，擺在放了網子的烤盤上，不用蓋保鮮膜，直接放入冰箱冷藏一晚。

④洗掉肝臟上的鹽巴，瀝乾水分，將肝臟的內容物擠進盆中。

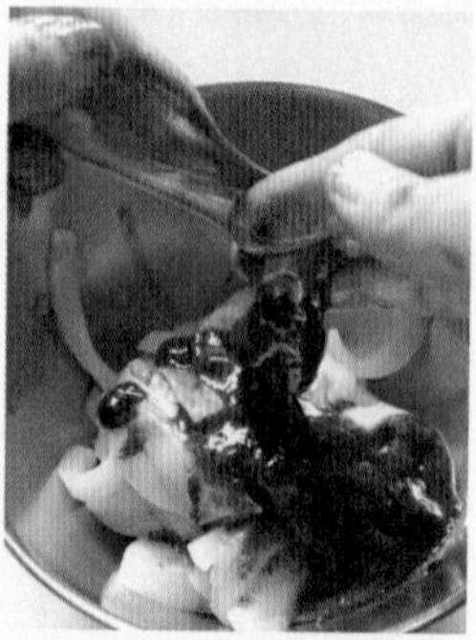

⑤瀝乾③的水分，切成1cm的粗細，與④拌在一起。依照個人喜好加入柚子皮，靜置一天後就可食用。別忘了每天攪拌混合，並在一個星期內吃完。

＊使用可生食的透抽製作會更好吃，風險是可能有「海獸胃線蟲（Anisakis simplex）」這種寄生蟲。若感到擔心，可使用冷凍的生食專用透抽。

＊透抽腳和鰭的部分可用來製作其他料理（P.217）。

佃煮辣椒葉

「辣椒葉」就是辣椒的葉子。一般來說，都是連著尚未成熟的果實一起賣。將辣椒葉過油炒過、做成佃煮後，香氣四溢，意外地好吃。雖然說果實尚未成熟，但仍舊是辣椒，因此附著很多果實在上面時，要記得減少果實數量，調整辣度。微辣風味的佃煮辣椒葉，除了適合搭配白飯外，也適合搭配日本酒。有了這一味，更增添晚上小酌時的樂趣。

我家每年為了製作這道佃煮辣椒葉，甚至會在自家陽台上種辣椒呢！

材料（方便製作的份量）

辣椒葉230g、麻油2小匙、白芝麻1大匙
〈A〉日本酒、醬油各1/2杯、味醂2大匙

作法

①從辣椒枝葉上摘下葉子和果實，用大量熱水汆燙後，快速泡水讓它緊縮，然後瀝乾水分。
②鍋中放入麻油，用中火將①炒乾水分。
③加入〈A〉之後，用中火煨煮。
④鍋底的湯汁變少時，加入芝麻，大略混合後離火。放冷後裝瓶放入冰箱冷藏，可保存約一個月。

＊辣椒果實雖然小，但大量加入的話會很辣，要小心！在步驟③加入魩仔魚乾會更好吃。

辣椒味噌

辣椒味噌直接配白飯就很美味，用來炒菜也好吃，而且作法很簡單，擺入冰箱冷藏可保存一個月，可說是萬用味噌。

愛吃辣的我通常會保留辣椒籽直接使用，如果希望減少辣味，建議拿掉辣椒籽，或一半換成獅子辣椒來製作亦可。

最近一整年都能夠在市面上看到青辣椒，不過還是使用充分沐浴夏季陽光的產季青辣椒，更能製作出不一樣的美味。

材料（方便製作的份量）

青辣椒120g、沙拉油1大匙
〈A〉砂糖5大匙、日本酒1/2杯、味醂1/4杯、味噌200g
〈B〉白芝麻3大匙、麻油1小匙

作法

①去掉青辣椒的蒂頭，連籽一起切成小段。
②鍋中放入沙拉油和①，一開始用中火炒，等整體都裹上油之後，轉小火炒到變軟為止。
③放入〈A〉，以小火從鍋底翻炒混合。
④炒出光澤後加入〈B〉，混合後離火。放冷裝瓶放入冰箱保存。

＊處理辣椒時，建議戴上拋棄式塑膠手套。徒手直接觸摸辣椒後，如果不小心揉眼睛可就慘了，一定要小心！

酸辣豆漿涼麵

材料（2 人份）

中華麵2球、小黃瓜1/2條、番茄1顆
〈A〉辣椒味噌2大匙、醬油肉燥（參考P.42）和磨碎的黑芝麻各3大匙、豆漿1杯、醬油1大匙、醋2大匙、長蔥1/3根

作法

①小黃瓜切絲。番茄對半切開後，再切成薄片。長蔥切絲。
②將〈A〉放入盆中混合均勻，放入冰箱冷藏。
③將中華麵水煮後，放入冷水沖過，再以冰水冰鎮，最後用篩網瀝乾水分。
④將③放入②中拌勻。連同湯汁一起盛盤，擺上番茄和小黃瓜即可。

辣椒味噌炒馬鈴薯菜豆

材料（4 人份）

馬鈴薯3顆、炸油適量、菜豆12根
〈A〉辣椒味噌3大匙、水、日本酒、味醂各1大匙

作法

①馬鈴薯去皮切成一口大小，菜豆切成半段長。
②徹底擦乾馬鈴薯的水分，放入冷油中，以中火加熱；開始起泡時，把火稍微轉小，煮到馬鈴薯能夠用竹籤刺穿為止。
③將稍微瀝掉油的②放入鍋中，用中火煮，再加入菜豆拌炒。
④把混合好的〈A〉放入③中，以中火稍微煨煮即可。

用日本酒製作簡單的鮮味調味料

我家製作招牌「廣東粥」時，不可或缺的就是「日本酒漬干貝」。這道食譜一如其名，就是用日本酒醃漬硬梆梆的干貝乾貨所製成，是相當方便的漬物。

只要有這個，一眨眼就能做出廣東粥。只需要將日本酒醃漬過的干貝剝成絲，湯頭則使用醃漬干貝用的日本酒，非常簡單。再加入鹽、薑絲，滴上麻油，就是一碗美味的粥。不用再花時間煮高湯、泡軟干貝，因此在忙碌時，真的很方便！

我也用同樣的方式製作「日本酒漬乾燥蝦」，可加入燉飯或切碎來炒菜、煮湯，都很好用。

「日本酒漬干貝」作法相當簡單，將干貝乾貨放入空容器中，裝至三分之一滿，再注滿日本酒即可；乾燥蝦也是以相同方式醃漬。放入冰箱冷藏，隔天就

只要有一罐濃縮海味的「日本酒漬干貝」，就是簡單的提鮮調味料，能夠用於熬煮湯頭或當炒菜的配料。我家還會將它用來煮酸辣湯和滷白蘿蔔。

可以使用了。因為是用酒醃漬的關係，放入冰箱冷藏可保存三個月。

對了！還有一種用日本酒製作的調味料，也就是享用白肉魚生魚片、燙青菜、涼拌菜時使用的「煎酒」。「煎酒」從江戶時代便使用至今，隨著醬油普及而逐漸式微。自從我在江戶料理店嚐到後，就愛上這一味，也嘗試自己製作，它的作法也很簡單，唯獨燉煮稍微費時。

將日本酒一杯半，加上兩片五公分的昆布塊、兩顆大顆的日本酸梅，用小火煮。煮到快要沸騰時，取出昆布，壓碎酸梅，繼續以小火煮到日本酒剩下一半。關火前，放入一撮柴魚片大略攪拌，靜置五分鐘後過濾裝瓶，放入冰箱保存。生魚片和燙青菜沾上「煎酒」一起品嚐時，酸梅的酸味和昆布、柴魚片的鮮味在口中擴散開來，真是說不出的好滋味。這道調味料能夠直接品嚐到材料本身的風味，因此日本酒要選用純米酒，酸梅則選只以鹽巴醃漬的日本舊式鹹酸梅來製作。

「煎酒」因為醬油普及而被人遺忘。不過最近因為這種調味料能夠發揮材料本身的風味，而再度受到注意。放入冰箱冷藏可保存約兩個星期。

鹽漬實山椒

每年五月結束時，在京都的母親就會寄實山椒給我。一打開紙箱，柑橘類植物清爽的香氣立刻充滿整個房間。摘除梗和葉子是相當需要耐性的工作，老公便會幫著我一起來製作鹽漬實山椒，這也成了這個季節的樂趣。

一般來說，實山椒多半是水煮後放在冰箱冷凍保存，不過鹽漬後可常溫保存，而且一整年都能夠保持鮮豔的顏色。注意使用前必須先**泡水一個小時去鹽**。

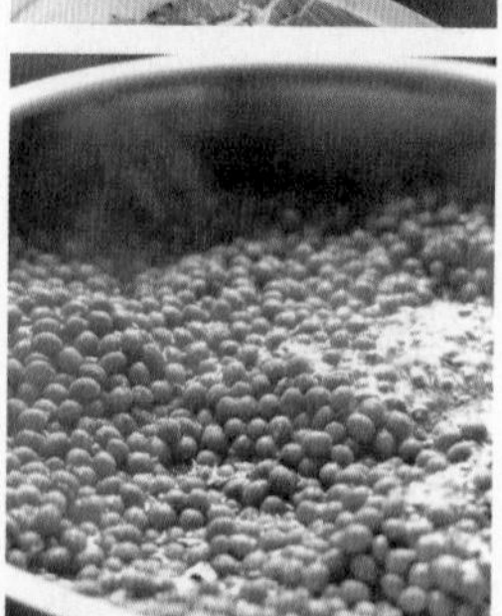

材料（方便製作的份量）

實山椒200g、水2杯、粗鹽200g

作法

①去除實山椒上的梗和葉子後水洗。
②將①用大量熱水水煮，約十分鐘後以篩網瀝乾。
③水2杯煮沸後加入粗鹽，充分混合讓鹽溶解（無法全部溶解也沒關係），放冷備用。
④將②裝瓶，注入③，讓鹽水蓋過實山椒，接著再加入鹽巴（另外準備），避免接觸空氣，放在陰暗處保存。

＊保持色彩鮮豔最好的方法，就是徹底覆蓋上鹽巴，避免接觸空氣。鹽漬之後會出現鹼水，鹽水或鹽巴若變成褐色，可更換新的鹽水與鹽巴。

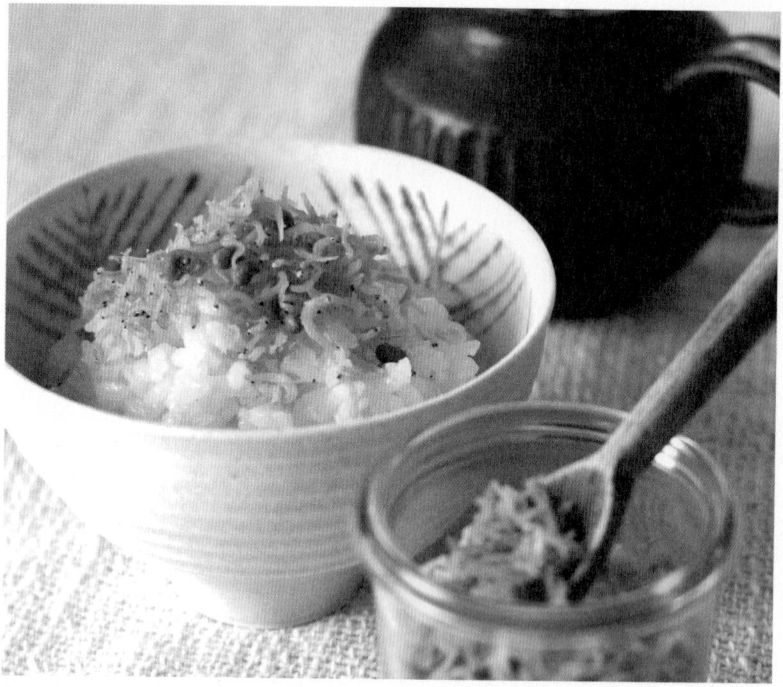

山椒小魚

材料（方便製作的份量）

魩仔魚乾100g、日本酒1杯、鹽漬實山椒（去鹽）3～4大匙
〈A〉味醂2小匙、薄口醬油1大匙、濃口醬油1小匙

作法

①將魩仔魚乾放入沸水中煮約十秒後，用篩網瀝乾。晾在烤盤上，以風吹約十分鐘，稍微去除水分。

②把日本酒和魩仔魚乾放入鍋中，煮滾後加入實山椒，以中火煮一至兩分鐘。加入〈A〉，一邊攪拌一邊煮，讓整體味道均勻。

③煮到鍋底只剩下一點點水時離火，攤在烤盤上放冷。等到完全冷卻、稍微乾燥後，裝瓶放入冰箱冷藏。一個星期內必須吃完。

＊建議使用較小的魩仔魚乾。

＊譯注：濃口醬油與薄口醬油是用等量的大豆和小麥製作而成，差別在於薄口醬油製作過程中多了一道抑制顏色變深的程序。這道程序加入了食鹽水，因此薄口醬油的顏色雖淡，鹽分濃度卻比濃口醬油高（濃口醬油的鹽分濃度是16%，薄口醬油是18%）。在日本一般說的醬油是指濃口醬油；薄口醬油則用於不希望食物煮出醬油色時。

山椒蔥拌竹莢魚

材料（4 人份）

竹莢魚（片成3片的生魚片等級魚肉）1尾、鹽漬實山椒1大匙、切小段的青蔥5大匙、嫩薑1/2塊、醬油適度

作法

①鹽漬實山椒用流動的水沖洗約十分鐘。嫩薑切絲後泡水。
②將實山椒瀝乾水分，用菜刀拍過，再加入青蔥一起拍打混合均勻。
③竹莢魚以斜刀法片成5mm厚的生魚片後擺盤，盡量不要重疊，最後均勻鋪上②，並撒上薑絲。

＊鹽漬實山椒帶有鹹味，所以醬油請斟酌使用。

昆布油菜花

一到二月底，超市和蔬菜店前面就會出現油菜花，彷彿在告知春天的到來。也許是這個季節缺乏色彩，一看到嫩綠色的油菜花，就讓人忍不住伸出手來。

油菜花容易損傷，因此買回來後一定要立刻水煮，趁油菜花還稍微有點硬的時候撈起，留有一點口感，就是美味的重點。做成昆布油菜花時，昆布的鮮味會滲入其中，變成高雅的滋味。另外，還可用於煎蛋捲或撒在壽司上，只要有這一罐，餐桌風景也會變得相當華麗喔！

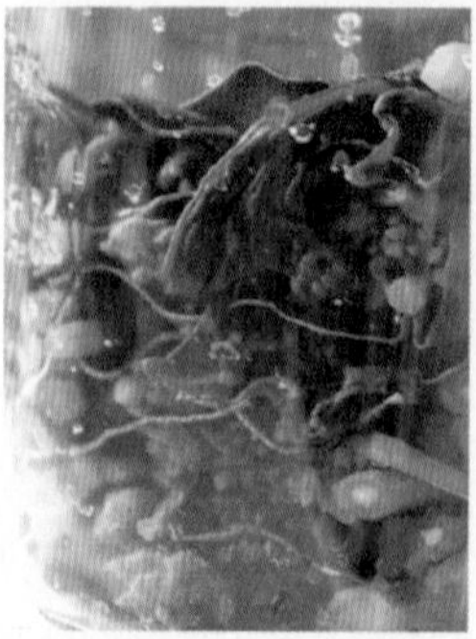

材料（油菜花1把的份量）

油菜花1把、鹽（熱水份量的2%）、昆布20cm、日本酒2大匙

作法

①油菜花切成方便裝瓶的大小。鍋中水煮沸後加鹽，從油菜花較粗的莖開始依序放入，煮到還有口感的程度。用篩網撈起後，以圓扇搧涼冷卻。

②用浸過日本酒的廚房紙巾擦拭昆布表面，切成方便裝瓶的大小。

③瓶底鋪上昆布，擺上油菜花，油菜花不要重疊，交替疊上昆布、油菜花。最上面放醬菜石（約等於兩個小皿的重量）後，放入冰箱六小時至半天，等待入味。

油菜花鮮蝦押壽司

材料（4人份）

蝦子10尾、剛煮好的白飯3合（量米杯3杯）、壽司醋（參考P.206）60cc、蛋2顆、日本酒1大匙、鹽1撮、甜醋漬嫩薑（參考P.52）30g、昆布油菜花50g

作法

①沿著蝦子背部插上竹籤，放入加鹽的熱水中煮五分鐘，再用篩網撈起放冷。一邊轉動竹籤一邊拔出，將蝦子剝殼，片成兩半，抹上少許壽司醋（另外準備）。

②白飯加入60cc壽司醋，以切拌的方式混合、降溫。

③蛋打散後加入日本酒和鹽巴，用篩網過濾。以平底鍋煎成薄蛋皮後切絲，做成蛋絲。

④在押壽司的模型裡鋪上保鮮膜，擺入蝦子和油菜花，不要留下空隙。放入一半的醋飯，用力壓實。

⑤撒上蛋絲和甜醋漬嫩薑絲後，放上剩下的醋飯，用力壓緊後拿下模型，切成兩半。

＊如果沒有押壽司的模型，也可以用便當盒或蛋糕模型代替。

鯛魚油菜花卷

材料（4人份）

鯛魚（生魚片等級）1片、鹽少許、酢橘1顆、昆布油菜花適量

作法

①鯛魚切成薄片，擺在烤盤上，撒上少許鹽與1/3顆酢橘汁，靜置約十分鐘。
②每片鯛魚片捲上兩朵油菜花。盛盤，加上鹽與酢橘即可。

*以鹽巴搭配山葵也同樣美味。

香菇小菜

搭配白飯的小菜中，人氣最高的就是仿照「滑菇」去製作滿是各種菇類的醬油煮菇。菇類水分多，容易損傷，但是做成醬油煮之後，去除了水分，所以可以放置兩個星期。另外因爲降低甜度，較方便搭配其他料理，相當好用。正如「香菇小菜」這個名稱所示，它適合當作白飯的配菜，或可以配麵，加入煎蛋中也很美味。這個食譜使用了四種菇類，可依照自己的喜好來選擇種類，用自己喜歡的菇類來製作。

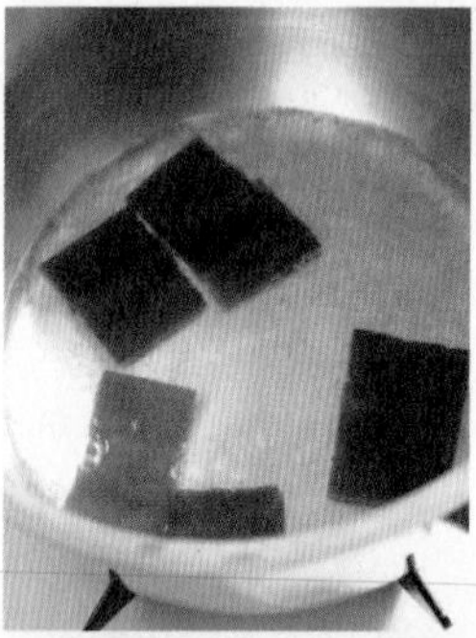

材料（方便製作的份量）

香菇4朵、鴻喜菇1包、金針菇1袋、杏鮑菇2根、醬油1/4杯
〈A〉日本酒3/4杯、味醂1/3杯、昆布6cm

作法

①香菇、鴻喜菇、金針菇切去根部。杏鮑菇對半切開後切成薄片，金針菇對半切開後撕散，鴻喜菇也撕散。香菇切成5mm的薄片。
②鍋中放入〈A〉靜置約一小時。再以小火煮到昆布冒出氣泡時，加入醬油和①。
③香菇煮軟、菇傘縮小時，偶而攪拌，並繼續煮十至十五分鐘。待完全冷卻後裝瓶。

＊香菇如果從湯汁裡冒出來，就用保鮮膜蓋上去壓出空氣之後，再蓋上蓋子。

香菇蛋

材料（2 人份）

蛋2顆、香菇小菜50g、沙拉油2小匙

作法

①把蛋打入盆中打散，加入香菇小菜。
②平底鍋中加入沙拉油，以大火加熱，再倒入①。
③快速攪拌，等到蛋定型後，整理好形狀繼續煎一下即完成。

＊使用香菇小菜的湯汁調味就足夠，不過仍可依照個人喜好加入鹽、醬油或砂糖進行調整。

香菇蘿蔔泥冷烏龍麵

材料（2 人份）

香菇小菜120g、秋葵4根、沾麵醬適量、白蘿蔔泥1/5根的份量、嫩薑泥1塊的份量、烏龍麵2球

作法

①秋葵抹上鹽巴，在砧板上輕搓滾動後，汆燙切成小段。
②烏龍麵水煮後，放入冷水洗過，再用篩網撈起。
③依序將②和①擺入盤中，再放上香菇小菜、白蘿蔔泥與嫩薑泥，淋上沾麵醬即完成。

醬油肉燥

忙碌時最能派上用場的就是這道「醬油肉燥」。直接加在剛煮好的白飯上就很好吃，加入微辣的豆漿涼麵（頁26）或番茄麻婆豆腐（頁234）中也可以；與切碎的蔬菜、咖哩粉一起拌炒，就是一道簡單的咖哩炒鮮蔬。

醬油肉燥中不使用大蒜或辛香料，只用醬油與日本酒簡單調味，所以無論日本料理、西式料理、中華料理、民族風料理都適用，這就是醬油肉燥的魅力。有時間的話，多製作一些冰起來，相當實用。

材料（方便製作的份量）

豬絞肉300g、沙拉油、日本酒各1大匙、醬油2大匙

作法

①用大火加熱平底鍋後，放入沙拉油，炒鬆絞肉。
②肉變色後，淋上日本酒和醬油，以中火慢慢炒至水分收乾。等到絞肉水分收乾，流出清澄的油脂，就完成了（煮乾水分的過程中，油爆的聲音會變大）。
③放冷等到油脂凝固後，攪拌裝瓶保存。

*絞肉容易壞，所以要徹底炒乾水分。用保鮮膜覆蓋表面後，蓋上蓋子，放入冰箱冷藏，約可保存十天。

醬汁炒飯

材料（2 人份）

醬油肉燥6大匙、洋蔥1/2顆、白飯2碗、沙拉油、伍斯特醬各1大匙、鹽、胡椒、紅薑（參考P.54）各少許

作法

①平底鍋中加入沙拉油，以大火加熱，放入切碎的洋蔥。
②將洋蔥炒透明後，加入醬油肉燥和白飯繼續翻炒。
③白飯炒鬆後，從鍋邊淋上伍斯特醬，加入鹽、胡椒調味，擺上紅薑盛盤。

＊也可加入青椒，或減少伍斯特醬用量，加入一點點醬油，同樣美味。

迷你大阪燒

材料（8片份）

蛋2顆、麵粉5大匙、沙拉油、青海苔粉、醬油各適量
〈A〉山藥100g、美乃滋、醬油各1大匙、醬油肉燥6大匙
〈B〉高麗菜150g、紅薑（參考P.54）25g、炸屑10g、柴魚片3g

作法

①高麗菜切成5mm寬的細絲。山藥磨成泥。蛋放入盆中打散，加入〈A〉攪拌。
②麵粉過篩加入①中，再加入〈B〉，大略混合。
③讓油布滿已加熱的平底鍋，倒入②，做成直徑約8cm的圓形。
④用小火慢煎，邊緣變乾時翻面煎出焦痕。
⑤將煎好的大阪燒擺在鐵網上，用刷子輕輕抹上醬油，撒上青海苔粉放冷。

大蒜味噌

我多半在家裡工作，所以午餐的原則就是要「快速又簡便」，因此多半是吃麵食。其中最常出現的人氣菜色之一，就是和風味噌拉麵（頁49），既美味又能補充滿滿的能量。如果家裡常備「大蒜味噌」的話，只要將豆芽菜、韭菜與豬肉一起炒過，就能做出簡單的味噌拉麵。

這道菜雖然使用大量的大蒜，不過因爲和嫩薑一起慢火加熱過，因此味道並不會太嗆。

材料（方便製作的份量）

大蒜2瓣、嫩薑1大塊、沙拉油2大匙

〈A〉日本酒1/2杯、砂糖3大匙、味噌200g、味醂、韓國辣椒（中度研磨）各2大匙

作法

①鍋中放入沙拉油和大蒜末，以小火慢慢炒。等到刺鼻的味道消失，再加入薑末。

②用鍋鏟把大蒜壓碎，加入〈A〉以小火慢煮，小心別燒焦。煮出光澤後，放冷裝瓶。

*比起有甜味的麥味噌和白味噌，我更推薦使用紅味噌。

*買不到韓國辣椒的話，可加一點辣椒粉。

蔬菜棒

材料（4人份）

白蘿蔔、紅蘿蔔、甜椒、小黃瓜、芝麻菜等各適量、白芝麻3大匙
〈A〉大蒜味噌2大匙、美乃滋3大匙、醋2小匙

作法

①蔬菜切成條狀。
②用研磨缽磨碎芝麻，再加入〈A〉混合研磨均勻，最後裝在容器中，擺放於①旁即可。

＊可用少量瀝乾水分的豆腐代替美乃滋，但就要稍微多加一些沙拉油、鹽與醋調味。

和風味噌拉麵

材料（2人份）

柴魚高湯900cc、中華麵2球、豆芽菜1袋（200g）、韭菜1/2把、豬五花肉薄片80g、沙拉油、麻油各1小匙、鹽、胡椒各少許
〈A〉大蒜味噌4～5大匙、醬油1又1/2大匙

作法

①在〈A〉中加入適量高湯溶解。
②以大量熱水來煮中華麵。
③豬肉片切成方便入口的大小。沙拉油均勻布滿用大火加熱過的鍋底，放入豬肉片拌炒，再加入豆芽菜和韭菜，撒上少許鹽和胡椒。
④將①和高湯加入③中，煮滾後淋上麻油，以鹽、胡椒調味。
⑤煮好的中華麵和④一起裝入麵碗裡即可。

＊因為湯頭是柴魚高湯，所以整體口味很清爽。也可依照個人喜好，改用雞湯代替，同樣美味。

我使用的調味料

想要做出美味料理，絕對少不了優質的調味料。雖然不使用添加物、花費時間心力製作的調味料，價格可能較高，但調味料品質好的話，完成的料理滋味也會不同。舔舔看、試喝看看，用自己的舌頭試試味道，選擇自己認為滋味美妙的產品吧！

鹽

使用無精製過、含有豐富礦物質的天然鹽。烹飪時調味用的是顆粒較細的產品，醃漬時則使用顆粒較粗的「粗鹽」。

砂糖

使用無精製過、滋味醇厚的「蔗糖（粗砂糖）」。不想上色或製作果醬、糖漬物等時，則使用有清爽甜味的「白砂糖」。

醬油

使用沒有添加物、遵循古製法的「丸中醬油」。雖然它是濃口醬油，不過顏色很淡，而且帶有鮮味。

日本酒

使用只以米或米糠製作的純米酒。以

好喝的日本酒做菜，料理的美味程度會更加倍。

味噌

使用自己製作的米味噌，因為米糠的比例較高，所以味噌帶有微微的甜味。

醋

使用以白米為原料製作的「千鳥醋」（米醋），口感溫順且鮮味明顯。

味醂

使用具有醇厚口感與鮮味、能夠簡單煮出光澤的「三河味醂」。過去這個牌子的味醂是以「甜點葡萄酒」之名推出上市，相當好喝，甚至讓人沒發現它是味醂就喝光了。

油

本書食譜中提到的「沙拉油」，使用的是沒有怪味道的「米油」。「麻油」則選用慢慢加壓芝麻榨取的玉締榨麻油（譯注：「玉締榨」是指將蒸熟的芝麻擺在木棉墊子上，再用玉締機的御影石球或鐵石球，花上三天三夜慢慢搾出油的方式），可用於日式燉煮類料理等稍微煎過、帶有溫和滋味的淺色食物，或是熱炒、韓國料理等深色而口味濃郁的食物。橄欖油使用香味絕佳的初榨冷壓橄欖油。

奶油

無論含鹽或無鹽奶油，我都使用可爾必思（Calpis）牌的奶油。帶有新鮮牛奶的鮮甜又很清爽，幾乎可以直接食用。

甜醋漬嫩薑

去壽司店一定會出現甜醋漬嫩薑，大家比較熟悉的也許是「甜薑」這個名稱。甜薑的辛辣能讓口腔感到清新，因此從以前就是出色的一道「醬菜」。

事實上，甜薑的作法很簡單，也可用在其他許多料理上。在我家經常把它切碎摻入豆皮壽司中，或是製作咕咾肉時，加入淋醬裡，盛盤時淋上，非常好用。在嫩薑盛產的六月，請各位務必嘗試做做看。放入冰箱冷藏，可保存一年。

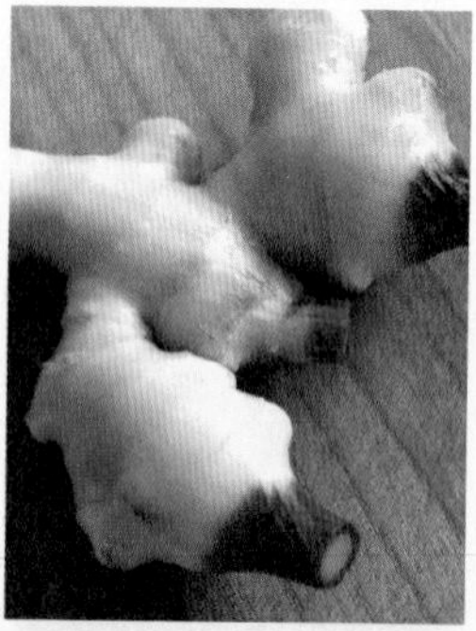

材料（方便製作的份量）

新嫩薑400g
〈A〉醋1杯、砂糖3大匙、鹽1小匙多

作法

①〈A〉放入鍋中，煮到砂糖和鹽溶解後放冷。
②嫩薑切成適當大小，用刷子清除污垢（不用去皮也可以）。沿著纖維盡量切成薄片，再用大量清水浸泡約十分鐘。
③鍋中煮沸熱水，放入瀝乾水分的②，水煮一分鐘。
④用篩網撈起，徹底瀝乾水分，裝瓶。趁熱把①倒入嫩薑中大致混合。等到完全冷卻後蓋上蓋子冷藏保存。

*此食譜降低了甜度，還留有嫩薑的辛辣。不喜歡辛辣味的人，可以將步驟③的水煮時間延長到約三分鐘。

紅薑

我家吃大阪燒、章魚燒時，最喜歡加入一些「粉紅色」元素，因此紅薑在我家是必需品。話雖如此，市售的紅薑有些用了色素，有些胺基酸過強，我不喜歡那些味道。因此，我只用鹽與紅梅醋製作沒有添加物的紅薑。我家每年都會醃漬酸梅，所以會有很多紅梅醋，不過嘗試醃漬幾次紅薑之後發現，只靠紅梅醋的話，鹽味會太明顯。因此我改良後再加上蘋果醋，總算找到最適合的食譜，做出清爽又美味的紅薑。

材料（方便製作的份量）

嫩薑500g
〈A〉水500cc、鹽25g
〈B〉紅梅醋100cc、蘋果醋50cc

作法

①用刷子刷掉嫩薑的皮。混合〈A〉，鹽巴溶解後，加入嫩薑，放入冰箱冷藏三天預醃。
②擦乾①的水分，擺在篩網上晾乾半天。
③將〈B〉混合後用來醃漬②。一個星期後，稍微擦乾水分，再晾乾半天。
④再準備一份〈B〉用來醃漬③。連同醃漬液一起裝瓶，蓋上保鮮膜，避免嫩薑浮出液體表面。

＊可常溫保存，但容易褪色，建議放入冰箱冷藏，可保存約半年。

柴漬

在我家配白飯少不了的就是柴漬。每次一吃到好吃的柴漬，總會讓我覺得好慶幸自己生在日本。

話說大家知道因為柴漬只用紅紫蘇和鹽巴去醃漬，所以也稱為「紫葉漬」嗎？

這道食譜沒有使用調味料，而是採用很久以前的傳統製法醃漬。除了茄子之外，我家還會加入小黃瓜、茗荷與嫩薑，美味的關鍵則在於要讓小黃瓜保持爽脆口感！

材料（方便製作的份量）

茄子2條、小黃瓜2條、嫩薑1塊、茗荷4顆、紅紫蘇（去莖，只用葉子）40g、鹽適量

作法

①茄子切成1cm的半月形，泡水。小黃瓜切成1cm厚的斜片，嫩薑去皮切成5mm厚的薄片，茗荷切成四塊。將蔬菜抹上其重量3%的鹽巴。

②出水後，壓上蔬菜重量兩倍的醬菜石，擺在室溫下二至三天。

③擠出蔬菜水分，當小黃瓜出現爽脆口感時，預醃就完成了。

④將水洗過的紅紫蘇撒上1小匙鹽，用手搓揉。流出鹼水後擠乾，再用1小匙鹽搓揉，擠乾水分。

⑤將瀝乾水分的④撕開，加入③中，壓上步驟②中一半的醬菜石，擺在室溫下一天。最後裝瓶冷藏保存，十天後最好吃。

*放入冰箱冷藏，可保存二到三個月。

柚子白蘿蔔&脆漬白蘿蔔

一到冬天，白蘿蔔特別鮮甜，我家就會製作柚子白蘿蔔和脆漬白蘿蔔。隨著使用的部位不同，如白蘿蔔的頭部、正中央或尾巴，都會影響滋味和口感。製作醬菜時，最好使用較有口感的頭部。順帶一提，我習慣把中間的部分用來燉煮，末端辛辣的部分則做成白蘿蔔泥。「柚子白蘿蔔」在吃火鍋時可用來讓口腔清爽，辛辣的「脆漬白蘿蔔」與熱清酒最搭，兩者都是冬天餐桌上不可或缺的重要配角。如果你買了白蘿蔔，請務必一試。

材料（方便製作的份量）

白蘿蔔1/3根、粗鹽適量、柚子皮適量、乾辣椒1根、昆布10cm、柴魚片2撮

〈A〉砂糖、昆布各1小匙

〈B〉醬油、味醂各2大匙、醋1大匙

作法

①將白蘿蔔縱切三等分，厚厚地切下一層皮，再切成1.5cm的長條形，連皮一起擺在篩網上放一晚風乾。

②【柚子白蘿蔔】將白蘿蔔洗好，保留水分，抹上蘿蔔重量2.5%的鹽巴。等到白蘿蔔變軟後，壓上蘿蔔重量兩倍的醬菜石，擺在室溫下二到三天。

③等到白蘿蔔變透明、變軟，就完成了預醃。加入〈A〉、半根去籽乾辣椒、一半份量的昆布，以及切絲的柚子皮。

④【脆漬白蘿蔔】將風乾的白蘿蔔皮和剩下的昆布切成2cm的寬度裝瓶。加入半根乾辣椒和〈B〉，柴魚片用茶葉袋裝著，擺在上面。兩樣漬物一起放入冰箱冷藏，隔天即可食用。

簡單的漬白菜

簡單的漬白菜

我愛吃母親所做的漬白菜，所以二十年前也開始嘗試自己醃漬。從此以後，每年冬天我都會大量採購白菜，不曾中斷。

漬白菜的有趣之處在於，剛漬好時，和淺漬醬菜一樣，味道很清爽，時間越久，酸味和鮮甜味道也會隨之增加，能夠享受到滋味變化的樂趣。一般作法是將切成四等分的白菜葉一片片抹上鹽巴醃漬，這樣較費時間，而且莖和葉子的味道也會不平均。因此我家是將白菜切絲後醃漬，採用這個方式不僅抹鹽簡便，味道也較均勻。

材料（方便製作的份量）

白菜1/2顆、粗鹽適量（白菜重量的2%）、柚子皮適量、昆布10cm、乾辣椒1～2根

作法

①白菜對半切開，擺在篩網上放一晚風乾。
②將白菜秤重，切成大塊後水洗。
③盆中放入白菜和白菜重量2%的粗鹽混合。擺一個小時等它變軟後，表面蓋上保鮮膜，放上白菜重量兩倍的醬菜石，置於室溫下二到三天。等到白菜流出的水顏色有些混濁，出現酸味，就完成預醃了。
④加入切小塊的昆布、去籽乾辣椒、柚子皮，拿掉一半醬菜石，繼續醃漬一天。
⑤馬上要吃的份量裝瓶，剩下的用保鮮袋裝著，放入冰箱冷藏保存。

＊漬白菜放入冰箱後，仍會繼續發酵。

用香味油施展提味魔法

陽台的香草長得茂盛之時，就可以用橄欖油將它們醃漬成香味油了。所謂香味油是將植物油加入香草，以及適合該香草的辛香料一同去醃漬，經過風味轉移而成。

我平常製作的是以迷迭香與鼠尾草醃漬的香味油。烤肉或烤魚前可用來醃漬食材，也可當作燒烤、作菜時的最後調味，各種場合均可使用。

另有一種使用微辣的卡拉布里亞（Calabria）產紅辣椒浸漬的香味油，淋在義大利麵或披薩上，可以增加辣味和香氣，讓料理變身成熟的滋味。

作法很簡單，將香草清洗乾淨後，擦乾水分，浸泡在橄欖油裡，這樣就行了；也可依照個人喜好加入胡椒粒或大蒜。

每天搖晃瓶子，約一個星期就完成了。盡量擺在日光照射不到的地方，最好在兩個月內使用完畢。

第 2 章

馬上擴大料理範圍的
罐裝西式熟食

油封雞胗

油封是指將食材浸泡在油脂中，以低溫花時間慢慢加熱的烹調方式。正統的作法是使用豬油等動物性脂肪，不過我家的油封料理，是以方便入手且風味佳的橄欖油來製作。

其中最推薦的就是油封雞胗，雞胗原本脆脆的口感會因此變得溼潤柔軟，是一道很棒的下酒菜。只要與大蒜、水煮切塊的馬鈴薯一起炒過，加入鹽與胡椒，很快就能完成一道適合搭配白酒的料理。

材料（方便製作的份量）

雞胗200g、橄欖油適量

〈A〉鹽6g、白酒1大匙、多香果、胡椒（粒）各10粒、大蒜1瓣

作法

①用菜刀剔除雞胗的白筋，和〈A〉一起裝入塑膠袋中，放入冰箱冷藏一晚。

②將①擺在篩網上過水，用廚房紙巾擦乾水分。

③轉中火，雞胗放入鍋中，加入橄欖油。等到雞胗冒出細小泡沫，再放入預熱100度的烤箱加熱約兩小時。

④將雞胗和鍋中剩下的油（鍋底的湯汁和沉澱物除外）裝瓶。

＊若烤箱無法設定為100度時，可用瓦斯爐小火煮約兩小時。

雞肝醬

不喜歡雞肝的我，唯一會吃的雞肝料理就是這一道。做成雞肝醬能夠消除雞肝黏牙的口感，蔬菜的甘甜以及奶油和白蘭地的風味，能夠消除其特有的臭味。

雞肝醬要做得好吃，訣竅就是購買新鮮的雞肝、仔細炒出蔬菜的甜味，以及加入白蘭地酒炙煮出香氣這三大重點。如果喜歡濃郁口味的話，使用食物調理機打成泥時，可多加些奶油；相反地，喜歡口味清爽一點的話，可增加蔬菜的份量。

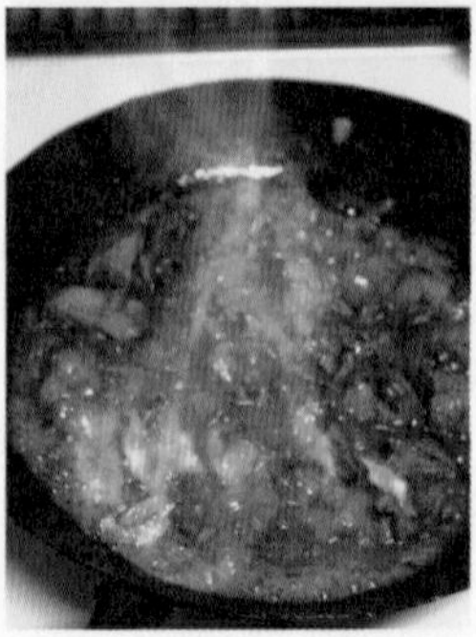

材料（方便製作的份量）

雞肝300g、大蒜2瓣、洋蔥150g、芹菜60g、白酒1/2杯、橄欖油1大匙、無鹽奶油50g、白蘭地2大匙、鹽、胡椒各適量

作法

①去除雞肝的筋和脂肪，泡冷水去除血水，切成三等分。
②平底鍋加入橄欖油和壓碎的大蒜，以小火炒。加入洋蔥、芹菜薄片，以及1/2小匙的鹽，以中火炒。等到快要焦掉時，一點一點加入白酒。
③當②變成金黃色時，加入奶油，放入擦乾水分的雞肝，用大火炒，再加入白蘭地酒炙。
④降溫後，加入胡椒，放入食物調理機打成泥。以鹽巴調整味道，裝瓶，表面蓋上保鮮膜壓平。

豬肉抹醬

這道食譜是將豬五花肉熬煮到入口即化後，製成抹醬。餐廳端出來的豬肉抹醬多半用上大量豬油，所以很濃郁，我的食譜則減少肥肉的份量。就不多費唇舌了，建議各位可以大量抹在法國麵包上，擺上酸黃瓜，當作早餐享用。

裝瓶時，爲了避免空氣進入，必須確實壓緊；燉煮時煮出的油脂，只要在表面蓋上保鮮膜，可以在冰箱冷藏約兩個星期，進一步完全眞空的話，就能夠擺上半年。

材料（方便製作的份量）

豬五花肉700g、培根50g、大蒜3瓣、橄欖油1大匙、白酒、水各300cc、月桂葉1片

〈A〉鹽1/2小匙、胡椒少許

〈B〉芹菜葉適量、鼠尾草3片、百里香1根

〈C〉孜然、芫荽各1又1/2小匙、多香果、胡椒、卡宴辣椒各少許

作法

①豬肉切成塊狀，加入〈A〉去搓揉。

②鍋中倒入橄欖油，炒大蒜薄片、培根、月桂葉。

③炒豬肉，以風箏線綁住〈B〉放入鍋中，再加白酒和水。去除雜質，加入1/2小匙的鹽後蓋上蓋子，以小火煮兩小時。

④豬肉煮軟後，用大火收乾湯汁。拿掉〈B〉，把肉放在篩網上，去除肥肉。

⑤將豬肉放入食物調理機，加鹽和〈C〉調味，依照個人喜好，加入步驟④去掉的肥肉一起打成泥即可。

油漬甜椒

將甜椒擺在烤網上，一邊翻面一邊烤個十幾分鐘，再剝掉焦黑的皮，露出色彩鮮豔的果肉，甜美濃郁的香氣就會充滿整個空間。整顆甜椒去烤，可讓裡頭的果肉處於蒸煎的狀態，因此變得柔軟而甘甜；再將甜椒果肉與大蒜一起浸泡在橄欖油裡即可。

這道小菜在我家是老公最愛指定的第一名！簡單調味就能完成，加入義大利麵中，或是搭配肉類料理都很推薦。擺在冰箱冷藏約可保存一個星期。

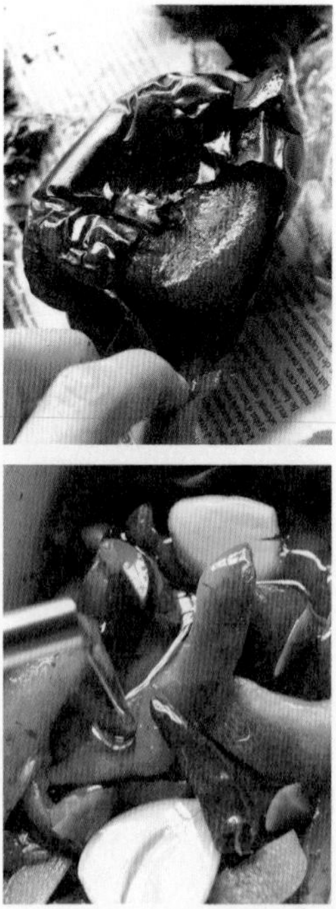

材料（甜椒 2 個的份量）

甜椒紅、黃各1個、大蒜1瓣、乾辣椒1根、橄欖油適量、鹽1/2小匙、胡椒、橄欖各適量

作法

①將甜椒擺在烤網上，以中火從頭到尾烤至表面全部焦黑為止。

②用報紙包裹約五分鐘，皮就會脫離而容易剝掉。剝皮去籽後，切成細長條狀。

③將甜椒裝瓶後撒上鹽，加入壓碎的大蒜、去籽乾辣椒、切細的橄欖、胡椒，淋上橄欖油，小心地放入冰箱冷藏保存。隔天就是品嚐的好時機。

*如果使用烤箱來烤，就以250度，一邊翻面，一邊烤二十至三十分鐘。

茄子燉菜（caponata）

這道義大利家庭料理使用了大量的夏季蔬菜。燉菜中加入葡萄乾與白酒醋，做成西西里風格，以酸甜風味幫助開胃，即使是沒什麼食慾的夏天，也能夠大快朵頤。此外，色彩繽紛的夏季蔬菜配色與濃縮的香氣，也是美味的來源之一。

不管熱的或冷的都一樣好吃，將茄子燉菜切成細絲後，也可當作煎肉或烤魚的醬料。另外，以天使麵（Capellini，細長的義大利麵）製作義大利冷麵時，還可拿來當作醬料，是相當便利的罐裝食品。

材料（方便製作的份量）

洋蔥1顆、甜椒紅、黃各1個、番茄2顆、櫛瓜1條、茄子2條、大蒜1瓣、橄欖油4大匙

〈A〉葡萄乾3大匙、百里香2～3根、白酒醋1大匙、鹽少於1小匙

作法

①櫛瓜和茄子切成1cm厚的圓片，洋蔥、甜椒、番茄切成3cm塊狀。

②櫛瓜和茄子兩面撒上少許鹽巴，靜置十分鐘。用廚房紙巾按壓擦乾水分後，放入布滿2大匙橄欖油的平底鍋裡煎過備用。

③轉小火，在厚實的鍋子中，放入剩下的橄欖油和壓碎的大蒜。

④大蒜散發出香氣後，炒洋蔥、甜椒、番茄，加入〈A〉和②，蓋上蓋子用中火煮十分鐘。再打開蓋子，以大火煮乾水分即可。

油漬茄子

無論任何食材都是新鮮的時候最好吃，但是份量太多時，吃不完實在很浪費，所以我的方法就是做成罐裝食品保存。尤其是茄子，放進冰箱裡很快就會壞掉，因此最好的保存方法就是油漬。

浸泡在鹽水中，可以去除茄子多餘的水分，增加鮮甜滋味，也會產生Q彈的口感。稍微煎過再油漬，擺兩個星期後就能夠享用美味的油漬茄子。也可以用同樣方式做出可口的油漬櫛瓜喔！

材料（方便製作的份量）

茄子4條、牛至（奧勒岡）1～2根、乾辣椒1根、大蒜2瓣、橄欖油適量
〈A〉水500cc、粗鹽25g

作法

①將〈A〉於盆中混合，讓鹽巴溶解。茄子切成1cm圓片，放入浸泡三十分鐘。
②以手拿起①，雙手用力擠乾茄子水分。
③用烤網或布滿橄欖油的平底鍋，將②烤出焦色。
④容器中放入茄子、大蒜片、去籽乾辣椒、牛至，注滿橄欖油。

＊直接吃就很美味，也適合加入義大利麵或當作三明治的夾料。

油漬新鮮鯷魚

這一道油漬鯷魚比市售的產品鹽分少，也較新鮮。只要在春天買到當季盛產的新鮮日本鯷魚，就能簡單完成。

要處理體長約十公分的小型日本鯷魚，光是想像就相當辛苦，不過這裡不需要使用菜刀，用手指就能輕鬆完成，只要掌握到訣竅，一下子就可以處理完畢。鹽漬狀態下，放入冰箱冷藏的話，可保存約一年，不過會變得太鹹，所以鹽漬的時間最好在一個月左右結束，再改用油漬。

材料（方便製作的份量）

日本鯷魚1kg、粗鹽、橄欖油各適量

作法

①去除日本鯷魚的頭和內臟，用鹽水（濃度3%）以手指清洗腹部內側。
②抓著背骨從頭部向尾部剖開，同時摘除腹鰭。
③在保存容器底部鋪上鹽巴，擺上②。擺完一排後，撒鹽再擺上一排，最後放上大量鹽巴，隔絕空氣。蓋上保鮮膜後加蓋，放入冰箱冷藏一個月。
④將③泡水清洗，用濃度3%的鹽水浸泡三十分鐘。去除背鰭、魚皮、魚尾，擦乾水分裝瓶，注入橄欖油。

＊注意別在瓶中留下空氣。鯷魚若沒有浸油就會發霉。

鯷魚馬鈴薯

材料（2 人份）

馬鈴薯1顆、鯷魚4～5片、洋蔥1/6顆、青椒1/4顆、刨絲起司（shred cheese，或稱披薩起司）適量、橄欖油1小匙、鹽、卡宴辣椒各少許

作法

①馬鈴薯洗乾淨，帶皮水煮或用微波爐加熱。煮到能夠用竹籤刺穿的程度後，切成1cm厚，排在耐熱皿中。

②洋蔥切薄片，青椒切絲，再用少許鹽巴與橄欖油混合。

③把②擺在①上，放上用手撕碎的鯷魚與刨絲起司。放入預熱230度的烤箱烤至表面出現焦黃色。可依照個人喜好撒上少許卡宴辣椒。

熱醬炒蔬菜

材料（4人份）

花椰菜1/4顆、蕪菁（大的）1顆、紅蘿蔔1/2根
〈A〉大蒜4瓣、鯷魚5片、橄欖油150cc、歐芹（Parsley，巴西利）梗、芹菜葉少許

作法

①壓碎大蒜，再將〈A〉放入鍋中以中火煮。
②大蒜冒出泡沫時，轉小火慢慢煮到熟透。等大蒜變軟之後，取出歐芹和芹菜，用鍋鏟壓碎大蒜和鯷魚。
③花椰菜、蕪菁切成方便入口的大小，紅蘿蔔切成手指大小，全放在烤網上烤。
④將③盛盤，淋上②即可。

油漬沙丁魚

一到沙丁魚的季節，如同油漬鯷魚一樣，我會準備很多的，就是油漬沙丁魚。這道食譜中，使用的是日本鯷魚，若改用小而肥美的遠東沙丁魚（Sardinops melanosticta）也很可口。因為要把背骨煮軟很花時間，所以需要先將魚肉片成三片，去骨之後再進行。

油漬沙丁魚直接吃就很美味，稍微淋點醬油便成了下酒菜，搭配番茄則變身為義大利料理。只要家裡常備這一罐「配飯菜」，就會很方便喔！

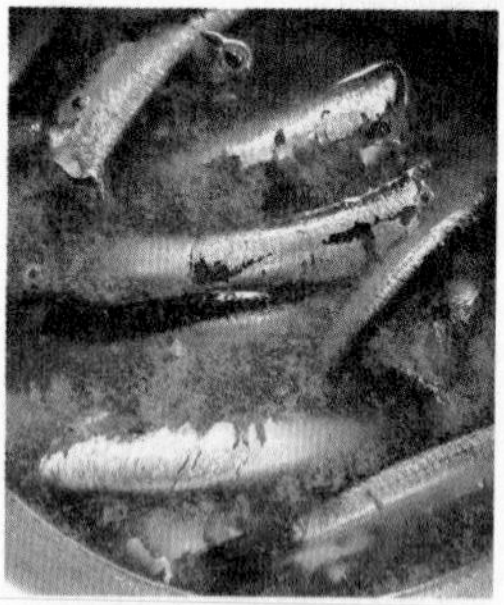

材料（方便製作的份量）

日本鯷魚500g、大蒜1瓣、月桂葉1片、乾辣椒少許、橄欖油適量
〈A〉鹽50g、水500cc

作法

①去除日本鯷魚的頭和內臟，在鹽水（濃度10%）中用手指清洗腹部內側。
②混合〈A〉讓鹽巴溶解，將①浸泡一小時。
③徹底擦乾日本鯷魚表面和肚子裡的水分，將大蒜、月桂葉大略切過，乾辣椒切成小段。一起放入鍋中，倒入橄欖油，蓋過所有材料。以預熱100度的烤箱，加熱二至三小時。
④裝瓶放入冰箱冷藏保存，可保存兩個星期。

*烤箱無法設定成100度時，可用瓦斯爐的極小火煮二至三小時。

沙丁魚蓋飯

材料（2人份）

油漬沙丁魚10尾、長蔥1/2根、紫蘇5片、等比例醬（參考P.202）2大匙、白飯、七味辣椒粉各適量

作法

①長蔥對半縱切再斜切，平底鍋中放入1大匙油漬沙丁魚的橄欖油，以中火炒長蔥。
②長蔥變軟後，加入油漬沙丁魚和等比例醬，以小火煨煮。
③容器裡裝入白飯，擺上②和紫蘇絲。可依照個人喜好撒上七味辣椒粉。

油漬沙丁魚芹菜義大利麵

材料（2人份）

油漬沙丁魚10尾、芹菜1根、義大利麵200g、橄欖油3大匙、大蒜2瓣、乾辣椒1～2根、醬油2小匙、鹽適量、歐芹少許

作法

①鍋中煮沸熱水後加鹽，放入義大利麵，水煮時間要比產品包裝的標示時間少約兩分鐘。
②轉小火，平底鍋中放入橄欖油、壓碎的大蒜，以及用手撕碎的去籽乾辣椒。
③等到大蒜散發出香味，加入油漬沙丁魚和斜切的芹菜，炒到芹菜變軟為止。
④將義大利麵、兩湯勺的煮麵水、醬油加入③，以大火一邊甩動平底鍋，一邊讓煮麵水與橄欖油乳化。加鹽調味，撒上切碎的歐芹即完成。

油漬牡蠣

已經是很久以前的事了，之前我的身體一直不好，朋友送了我一罐油漬牡蠣；友人來探望愛吃的我時，跟我說：「牡蠣可以補充精力！」我馬上試吃，油漬牡蠣的鮮味濃郁，即使是原本沒有食慾的我，一下子就吃光一整罐，然後我發現身體變輕鬆了！我忘不了那罐油漬牡蠣的美味，經過多次失敗後，總算調配出這個食譜。雖然調味時加入了醬油，不過用來搭配義大利麵等西式料理也同樣美味。

材料（方便製作的份量）

去殼牡蠣250g、粗鹽3大匙、日本酒2大匙、醬油2小匙、橄欖油適量

〈A〉乾辣椒（切小段）1/2根的份量、大蒜1瓣、月桂葉1片

作法

①乾辣椒去籽，大蒜壓碎。牡蠣放入盆中，撒上粗鹽，以手淘洗，等到浮出黑色污垢後，就把鹽巴沖掉。

②將瀝乾水分的①的牡蠣放入平底鍋中，一邊搖晃、一邊以大火炒。

③牡蠣出水後，繼續將水分炒乾，等到牡蠣變得緊實，加入日本酒和醬油。待牡蠣表面變乾時離火。

④將放冷的③與〈A〉一起裝瓶，倒入橄欖油，蓋過牡蠣。放入冰箱冷藏可保存兩個星期。

牡蠣韭菜蠔油炒麵

材料（2人份）

油漬牡蠣（大）10顆、韭菜1/2把、長蔥1/2根、嫩薑1/2塊、炒麵用的蒸麵2球、麻油1大匙、胡椒少許

〈A〉蠔油、紹興酒各1大匙、醬油1小匙

作法

①牡蠣對半切開，韭菜和長蔥切成段，嫩薑切絲。

②以大火熱過平底鍋，加入1/2大匙的麻油，把蒸麵煎得焦脆後取出。

③放入剩下的麻油，炒嫩薑、長蔥、牡蠣。將麵放回去，加入韭菜、〈A〉拌炒，撒上胡椒即完成。

韓國牡蠣煎餅

材料（2 人份）

油漬牡蠣10顆、蛋1顆、麵粉適量、韭菜1/4把、紅辣椒絲少許、麻油1小匙
〈A〉醋1大匙、醬油2小匙、白芝麻少許

作法

①用廚房紙巾輕輕壓過牡蠣去油。韭菜切成段，蛋打散。
②韭菜和辣椒絲放入蛋液中，牡蠣拍過麵粉後，一起加入。
③以中火熱過平底鍋，加入麻油。將裹著韭菜和辣椒絲的牡蠣放入鍋中，一次一顆，兩面都要煎過。沾上〈A〉來品嚐。

＊牡蠣較小顆的話，可以像製作大阪燒一樣，煎成一整片的圓形。

番茄乾與油漬番茄乾

一看到蔬菜賣場裡擺滿夏季盛產的鮮紅色番茄，我就心癢難耐地想要製作番茄乾。

夏季的番茄不只好吃也便宜，關鍵在於天候。如果太陽持續照射的日子沒有延續四到五天，就無法做出美味的番茄乾。不斷翻面能夠幫助番茄濃縮美味，番茄乾是太陽的傑作，一旦下雨或持續陰天，番茄乾會馬上發霉，所以如果無法擺在室外日曬，可使用一百度的烤箱慢慢使它乾燥。

材料（方便製作的份量）

小番茄（迷你番茄、西西里番茄等）50～60顆、大蒜、鹽、橄欖油各適量

作法

①番茄去蒂，對半縱切，擺在竹簍裡。
②將番茄的兩面仔細撒上鹽巴，放在室外日曬烘乾。
③仍保留一點柔軟感覺的番茄乾（約三到四天），加入壓碎的大蒜一起裝瓶，倒入橄欖油；完全曬乾的番茄乾（五到六天）則直接裝瓶放入冰箱冷藏保存。

＊雖然番茄乾恢復濕度需要花些時間，不過它具有濃郁的鮮甜味。曬乾程度較低的油漬番茄乾馬上就能使用，而且有新鮮的味道。

義式水煮魚（Acqua Pazza）

材料（2人份）

石狗公（或黃雞仔等白肉魚）1尾、油漬番茄乾10顆、大蒜1瓣、白酒1/2杯、水1/2杯、橄欖油3大匙、鹽巴、胡椒、歐芹各少許、酸豆2小匙、橄欖7顆

作法

①番茄乾比較大的話，可以切成適當大小。

②去除魚的魚鰓和內臟，魚肚內部和表面用鹽巴、胡椒搓過。兩面用菜刀斜斜劃上幾刀。

③轉小火，平底鍋中放入橄欖油和大蒜。

④將魚瀝乾，放入平底鍋以大火煎，兩面都煎出焦色後，加入白酒、水、番茄乾、酸豆、橄欖。煮到沸騰後轉小火，煮約五分鐘直到煮熟。

⑤拿開蓋子，開中火，一邊晃動平底鍋，一邊將湯汁收乾到剩下三分之一，加鹽調味，撒上切碎的歐芹即完成。

＊將水煮魚的滷汁用來拌義大利麵，又是豐盛的一餐。

紅燒番茄乾牛肉茄子

材料(4人份)

茄子3條、牛肉薄片160g、番茄乾10顆、青蔥3根、水200cc、砂糖1大匙、等比例醬(參考P.202)80cc、橄欖油3大匙、大蒜2瓣

作法

①茄子去蒂,對半縱切,表皮用菜刀斜斜劃上1mm寬的刀痕後泡水。番茄乾用熱水浸泡恢復濕度後,切成5mm的絲狀。
②鍋中放入橄欖油和壓碎的大蒜,以小火煮出香味。加入牛肉拌炒,等到牛肉變色,加入茄子;讓油布滿鍋底,撒入砂糖,快速拌炒後,加入番茄乾、水、等比例醬,以大火煮到沸騰。
③去除雜質,以略強的中火煮約五分鐘。加入斜切的青蔥,等青蔥煮軟後離火即完成。

油漬香菇

我最愛在家吃飯，但總在家裡吃也是會膩，因此偶爾要出外去尋找刺激。這道「油漬香菇」就是一次在某家義大利餐廳用餐時，當作開胃菜端上來的一道佳餚，我還特別向主廚請教了作法。關鍵在於「用加鹽的醋水煮香菇」！趁著我對味道還有印象時嘗試做做看，成品十分美味。香菇的鮮美融入了醃漬用的油中，因此也能應用在其他料理上，不會浪費。寒冷的季節裡，可常溫保存一個月。

材料（方便製作的份量）

香菇（依照個人喜好）400g、醋、水各300cc
〈A〉鹽15g、檸檬片2片、歐芹梗少許
〈B〉大蒜1瓣、乾辣椒1根、月桂葉1片、胡椒（粒）6顆

作法

①鍋中加入醋、水和〈A〉，煮到沸騰。
②切掉香菇梗，再切成方便入口的大小，放入①中煮十分鐘。
③擺在篩網上，不要重疊，風乾約一個小時，去除水分。
④將③和〈B〉裝瓶，倒入大量橄欖油保存，別讓香菇冒出油面。

＊香菇煮熟後會縮小，所以要切大塊一點。

香菇與根莖類蔬菜的熱沙拉

材料（4人份）

油漬香菇100g、牛蒡1/2根、紅蘿蔔2/3根、蓮藕1/2個、培根60g、橄欖油1小匙、大蒜1瓣、鹽、胡椒各少許

作法

①平底鍋放入橄欖油，用小火炒培根和壓碎的大蒜。培根出油、變得酥脆時，和大蒜一起取出。
②牛蒡、紅蘿蔔、蓮藕切成方便入口的大小，依序放入平底鍋中，用中火炒。表面炒出焦色後，輕輕撒上鹽巴、胡椒。
③把培根和大蒜放回鍋中，加入油漬香菇大略拌炒，加入鹽巴、胡椒調味即完成。

嫩煎雞肉佐香菇醬

材料（2 人份）

雞腿肉1片、洋蔥80g、整顆的番茄罐頭200g、油漬香菇150g、橄欖油2小匙、奶油飯適量、迷迭香2根、歐芹、鹽、胡椒各少許

作法

①雞肉兩面輕輕撒上鹽巴、胡椒。平底鍋中放入橄欖油和迷迭香，把雞肉表面煎至焦香後取出。

②取油漬香菇的橄欖油1大匙，讓油布滿平底鍋底，炒切碎的洋蔥。炒到洋蔥變色後，加入壓碎的番茄繼續炒。炒乾番茄的水分，等滲出油後，加入香菇。香菇和番茄均勻混合後，加入鹽巴、胡椒調味。

③奶油飯上撒切碎的歐芹，擺上雞肉與②盛盤即完成。

分裝或送禮時的包裝

製作罐裝食品時，通常會多做一些，所以可以分送給喜歡美食或是經常照顧我們的朋友。

分送給友人等不用太拘謹的夥伴時，包裝上無須太講究，簡單就好。可以使用買衣服時拿到的顏色漂亮的包裝用薄紙，捲起後底部用膠帶固定好，上面預留一點空間可紮起來裝飾；將卡紙剪成小禮卡的形狀，寫上罐裝食品名稱和短語，綁在包裝上，就完成了。為了方便分裝時連容器一起送人，平常多收集些可愛的容器也很重要。因此我購買調味料或西式醬菜等罐裝食品時，都會挑選一下容器的外型。

更簡單的方法，就是在容器外頭貼上一圈紙膠帶或貼紙即可。最近市面上有許多特殊設計的紙膠帶，只要使用紙膠帶一

貼，普通的罐裝食品看起來也會很精緻。

專程要送禮時，就必須使用風格穩重的和紙。家裡可時常儲存材質柔軟又輕薄的和紙、稍厚的和紙或雪白的奉書紙（譯注：楮木製作、偏厚的日本古代公文用紙）等幾個種類。將容器包好後，用繩子綁緊、封蠟，也可蓋上有自己名字縮寫的封蠟章，證明是自己手作的罐裝食品，也顯得高級，而收到禮物的人同樣能享受拆開封蠟那瞬間的喜悅。

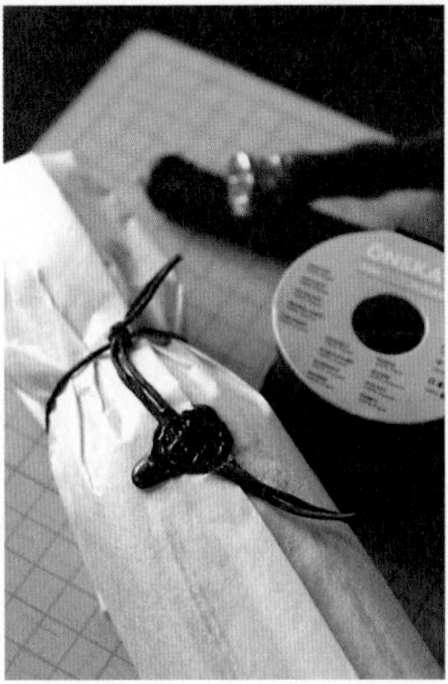

酸黃瓜洋蔥水煮蛋

從小我就喜歡以水煮蛋切碎、拌美乃滋的「雞蛋沙拉」。早餐時抹在吐司上享用最美味！我一週幾乎要吃上個兩、三次。

能夠幫助你快速完成「雞蛋沙拉」的，就是這道西式醬菜。只要把水煮蛋、洋蔥、小黃瓜事先塞進一個容器裡醃漬，之後切碎拌上美乃滋和芥末醬即可，不用再花時間煮蛋或將洋蔥泡水。這一罐醬菜就是忙碌早餐時間的最強幫手！

材料（方便製作的份量）

蛋6顆、洋蔥2/3顆、小黃瓜1又1/2條
〈A〉醋、水各250cc、芥末籽1小匙、月桂葉1片、新鮮蒔蘿1～2根、砂糖1大匙、鹽2小匙、丁香2顆、胡椒（粒）10粒、乾辣椒1根

作法

①水煮蛋剝殼，洋蔥切瓣，小黃瓜切成3cm長。
②鍋中放入〈A〉，煮滾後，再用小火煮約一分鐘後離火。
③將①裝瓶，倒入②。

＊放入冰箱冷藏，可保存約一個月。

馬鈴薯沙拉

材料（4 人份）

馬鈴薯3顆、醃漬水煮蛋2顆、醃漬洋蔥2塊、酸黃瓜3根、培根2片、奶油20g、美乃滋50g、鹽、胡椒各少許、芥末粒醬2小匙

作法

①馬鈴薯帶皮水煮，或用微波爐加熱到可用竹籤刺穿的程度。
②馬鈴薯煮熟後，趁熱剝皮並切成適當大小，放入盆中，加入奶油混合。
③醃漬水煮蛋、醃漬洋蔥瀝乾切粗末，酸黃瓜切成半月形。
④培根切成5mm寬的細條，用抹了沙拉油（另外準備）的平底鍋炒到出油，再用廚房紙巾擦去油脂，炒到焦脆。
⑤將③、④、美乃滋、芥末粒醬加入②中混合，加鹽巴、胡椒調味即可。

開放式三明治（open sandwich）

材料（2 人份）

醃漬水煮蛋2顆、醃漬洋蔥2塊、酸黃瓜2根、美乃滋40g、鹽、胡椒各少許、芥末粒醬1小匙、麵包（依照個人喜好）

作法

①醃漬水煮蛋、醃漬洋蔥、酸黃瓜瀝乾，切粗末。
②將①、美乃滋、芥末粒醬放入盆中混合，加入鹽巴、胡椒調味。
③把②擺在麵包上即可食用。

綜合醬菜

製作綜合醬菜時，最有趣的就是將色彩繽紛的蔬菜，以馬賽克風格塞進容器中。另外還能將冰箱中剩下的蔬菜用光，所以動手前可先檢查一下家中的冰箱。

這道食譜是趁熱將醃漬液與生菜一起裝瓶，不方便生吃的洋蔥、花椰菜等蔬菜也會因此稍微被燙熟，變得更容易食用。醃漬好的隔天即可享用，放入冰箱冷藏可保存一個月。由於製作過程不需等它發酵，所以輕鬆又不花時間。

材料（一公升容器的份量）

喜歡的蔬菜（小黃瓜、紅蘿蔔、白蘿蔔、洋蔥、蕪菁、花椰菜等）適量

〈A〉醋、水各1杯、砂糖2大匙、鹽2小匙、月桂葉1片、孜然籽、胡椒粒各1/2小匙、丁香3顆、大蒜1瓣

作法

①蔬菜切成方便入口的大小，排在容器裡，盡量不要有空隙。

②大蒜大致切過後，將〈A〉放入鍋中，用小火煮一至兩分鐘。

③趁熱將②倒入①中。

＊紅心白蘿蔔與小蘿蔔（Radish）等醃漬後，紅色色素會融入醃漬液中，讓整罐醬菜變成粉紅色。

醃漬小扁豆

小扁豆不需要像鷹嘴豆或菜豆那樣，必須前一天先泡水，所以是一想到就能使用的方便豆類。而且水煮只需二十分鐘，也是優點之一。

這罐西式醬菜是爲了方便立刻吃到我最愛的小扁豆沙拉（頁108）而製作，不過也可應用在其他許多料理上，即使一次做很多，幾天就能吃完了。比方說，和大蒜、孜然、芝麻醬等一起放進食物調理機打散，就能變成鷹嘴豆泥蘸醬（譯注：hummus，是傳統的中東料理）。另外，加入馬鈴薯沙拉也很美味喔！

材料（方便製作的份量）

小扁豆200g、小洋蔥3顆（也可改用一半份量的普通洋蔥）
〈A〉白酒醋100cc、水200cc、砂糖2小匙、鹽8g、多香果（粒）5粒、乾辣椒1根、大蒜1瓣、鼠尾草2片

作法

①小扁豆清洗過後放入鍋中，加入豆子份量三倍的水，一邊撈掉雜質，一邊以小火煮十五至二十分鐘（還保有一點口感的程度）。用篩網撈起，徹底瀝乾水分，與對半切開的小洋蔥一起裝瓶。
②將〈A〉放入鍋中，以小火煮二至三分鐘，煮滾後倒入①裡。
③放冷後蓋上蓋子，放入冰箱冷藏保存。

*只要在②中加入咖哩粉，就能做出咖哩味的西式醬菜，或改用鷹嘴豆製作，也同樣美味。

小扁豆沙拉

材料（4 人份）

醃漬小扁豆200g、培根50g、大蒜1/2瓣、洋蔥1/4顆、歐芹適量、橄欖油2小匙、芥末粒醬1～2小匙

作法

①培根切成5mm的長條狀，放入平底鍋中炒，將炒出的油脂擦掉。
②在①中加入橄欖油，炒切碎的大蒜和洋蔥。
③洋蔥變成淺黃色時，離火放涼。
④在③中加入瀝乾水分的醃漬小扁豆和芥末粒醬混合，撒上切碎的歐芹即可。

＊培根要確實炒過，去掉油脂。

油炸小扁豆

材料（2～3人份）

醃漬小扁豆100g、生火腿10g、啤酒2大匙、麵粉20g、胡椒少許、炸油適量

作法

①盆中放入瀝乾水分的醃漬小扁豆和切碎的生火腿，加入少許胡椒。
②麵粉過篩加入，裹上所有食材，加入啤酒後再大致混合。
③將②捏成方便食用的大小，放入170度的熱油中油炸，炸到酥脆即可。

＊沒有啤酒也可用碳酸水代替。

亞爾薩斯酸菜（choucroute）

這種酸菜在法國稱為「亞爾薩斯酸菜」，在德國則稱作「德國酸菜」；一打開容器的蓋子，就會散發出獨特的發酵味。高麗菜是使用葉片扎實的冬季高麗菜，會比柔軟的春季高麗菜尤佳，燉煮時能夠煮出甘甜美味。

亞爾薩斯酸菜富含大量維生素C，因此可事先做好，在容易感冒的冬天就能大量享用。放入冰箱冷藏可保存三個月。

材料（方便製作的份量）

高麗菜1kg、鹽20g、香芹籽1小匙

作法

①高麗菜切成5mm寬的菜絲後水洗。
②盆中放入帶著水分的①和鹽巴，大致攪拌混合。
③等待約一小時，高麗菜絲變軟後，擺上高麗菜重量兩倍的醬菜石，放在室溫（20至25度）中醃漬二到三天。
④當高麗菜流出的水分變得有點混濁、發出酸味時，表示已經發酵了。拿開醬菜石，加入香芹籽。
⑤將④連同湯汁裝瓶，保存在冰箱的蔬果保鮮室中。

＊也可用蒔蘿籽或月桂葉代替香芹籽。

酸菜鍋（La Choucroute Garnie）

材料（2 人份）

亞爾薩斯酸菜150g、培根塊100g、馬鈴薯1顆、洋蔥1/2顆、紅蘿蔔1/2根、菜豆6根、橄欖油1大匙、白酒1/2杯、月桂葉1片、鹽、胡椒各少許、芥末粒醬適量

作法

①洋蔥切成楔形，馬鈴薯和紅蘿蔔切四等分，菜豆對半切。培根塊切成兩塊。
②以中火熱鍋，放入橄欖油炒培根。炒到出油後，加入洋蔥、紅蘿蔔、馬鈴薯，炒到洋蔥有點透明，加入擰乾湯汁的亞爾薩斯酸菜，快速拌炒。
③在②中加入水，稍微蓋過食材，再加入白酒與月桂葉，以小火煮。
④煮到馬鈴薯和紅蘿蔔熟透後，加入菜豆，以鹽巴、胡椒調味。可依照個人喜好添加芥末粒醬。

熱狗

材料（2 人份）

熱狗專用麵包2個、熱狗2根、亞爾薩斯酸菜150g、咖哩粉1/2小匙、鹽少許、橄欖油1小匙、番茄醬、芥末粒醬各適量

作法

①以大火熱過平底鍋，晃動鍋子，讓橄欖油布滿平底鍋，放入擰乾水分的亞爾薩斯酸菜炒鬆。加入咖哩粉和少許鹽巴拌炒，離火。
②將麵包切開一條縫，稍微烤過。
③在麵包切開的縫裡夾進熱狗，淋上番茄醬和芥末粒醬即可。

涼拌捲心菜（coleslaw）

第一次吃到涼拌捲心菜是小學時，那是炸雞店會有的三明治菜色之一。或許是帶有少量酸味又容易入口的緣故，每次去店裡我總會點這一道三明治。

開始自己動手做，是在雜誌上看到老店洋食館的食譜介紹，我就學著照做，試做了之後發現眞好吃！在那之後已經過了二十年，所以現在做出的味道恐怕和店家原創的有所不同了，不過這就是我家的味道。由於基調是洋食館的味道，所以這道菜也很適合搭配咖哩飯。

材料（方便製作的份量）

高麗菜500g、紅蘿蔔1/4根、洋蔥1/4顆、粗鹽適量、砂糖2小匙、胡椒少許

〈A〉沙拉油、醋各2大匙

作法

①高麗菜切成1cm寬的高麗菜絲後水洗。紅蘿蔔切絲，洋蔥切薄片。

②帶水的高麗菜放入盆中，加入1小匙鹽巴和砂糖，用手大略攪拌混合，靜置三十分鐘直到變軟為止。

③洋蔥和紅蘿蔔放入另一個盆子裡，加入1/2小匙鹽巴混合。

④擰乾③去除水分，加進②裡混合。加入〈A〉後，撒上胡椒混合。靜置三個小時，等到入味，就是最佳品嚐時刻。

*可依照個人喜好加入1～2大匙美乃滋也很美味。

我家的餐桌

和父親一起吃飯

這是我孩提時期的事情了。

我的老家在京都祇園經營一家小古董店，附近茶屋與餐廳林立，店門前舞妓、藝妓往來，充滿華麗的風情。

打烊後，父親經常帶我們全家人一起外出用餐。

在京都稱外食爲「食飯」，不過我家習慣先入浴，清潔打理好全身後，才外出食飯。這是父親

的習慣。

父親小時候家境貧窮，因爲戰爭的關係，曾經餓過肚子，所以不希望讓孩子經歷同樣的遭遇。中華料理、壽司、天婦羅、西式料理、法式料理，父親經常帶當時還是小學生的我們姊妹，去吃這些美味料理。

帶著我們這些小孩去外頭吃飯，也能夠讓我們從小就學會餐桌禮儀。我最喜歡父親帶我們去法國餐廳，餐後甜點時間總會有推車送來許多甜點，服務生會問我們：「請問您要哪一個？」還記得當我一回答：「全部！」整間店瞬間響起客人的笑聲。父母親苦笑的模樣，至今仍清楚留在我腦海中。

父親晚上時常要外出吃飯應酬，這種時候他一定會帶著伴手禮回來。每次迎接他回家，親完有些酒味的父親後，我就會接下伴手禮，和姊姊互相爭食。

父親也曾經帶我們去他常去的牛排館，店面很小，只有吧台座位，不過在面前現煎的厚厚牛排很美味，到現在我還是念念不忘。沙拉醬與擺在上面的酥脆培根，都令人口水直流，回家後，我們甚至曾拜託母親做一樣的東西給我們吃。

那家牛排館一到年底就會配合年節，贈送客人們店裡使用的最頂級的肉塊邊，所以有時年底也能夠吃到牛排，相當開心！

夢幻的丹波松茸

我們家原本在丹波的天若有間

房子，可惜現在那裡已經變成水庫了，否則只要時間允許，不管什麼季節，我都喜歡待在那間房子裡。那兒的環境自然清幽，可以在河裡游泳、釣魚，也可以捕昆蟲、採花，現在想來，那個好地方眞像是桃花源。

那裡的院子裡有柿子樹，一到秋天，全家人會一起摘柿子。另外，四周的山區是松茸山，因此熟識的農家每年都會送我們滿滿一整箱的松茸。

現在已經很難想像，不過當時我們家白飯的配菜就是網燒丹波松茸，我們會沾酸桔醋醬油大口地吃。如果有時光機的話，眞想回到當時，再以那種方式品嚐。一到松茸的季節，我總會想起這些令人懷念的回憶。

開始對料理產生興趣的時期

母親做的料理相當美味。父親就是愛美食，因此母親也因應父親的期待，爲我們做了各式各樣的料理。

一提到京都的家常菜就會想到「御萬歲」，不過因爲父親和我們姊妹都喜歡西式料理，母親爲了讓家人高興，所以經常會做漢堡排、焗烤、紅酒燉牛肉等料理。

家裡雖然只有四個人，但爲了讓大家都能吃飽，母親總是煮很多。如果是可樂餅，她會準備二十個，如果是煎餃，就會準備一百個，當然這種時候，我也會幫忙包餃子，也許就是因爲這樣，所以至今我仍然很擅長包餃子。

每當要做可樂餅，準備裹上可

樂餅麵衣時，我、姊姊和母親則會一起站在餐桌前，先由我沾上麵粉，接著姊姊裹上蛋液，最後由母親沾上麵包粉。母親總是說：「幸好我生了女兒。」

這段時期，電視上正好播放著料理綜藝節目《料理天國》，以及連續劇《天皇的料理人》，我總是看得津津有味。我想，會開始對料理產生興趣，一定就是這個時期了。

我家書架上有許多食譜和甜點書。這些食譜是母親為了家人而買來研究，並嘗試自己下廚烹調，而我也不認輸地經常看著食譜做甜點。

我最拿手的是牛奶糖。用份量嚇死人的麥芽糖、奶油、白砂糖、煉乳攪拌混合慢慢煮，才能避免煮焦。包在玻璃紙中，甜而柔軟的牛奶糖，也獲得朋友的喜愛，所以我的口袋裡總是擺著牛奶糖。

能從事美食規劃師這項工作，一部分也要歸功於讓我品嚐到美食、了解做菜樂趣的父母親，真的很感謝他們。

早餐的三「剛」

每天和家人一起吃三餐，會覺得更好吃喔！尤其早餐是一天的開始，為了讓一整天都擁有好心情，應該盡量悠閒地享受早餐時光。

很難早起的我起床後，腦袋和身體沒辦法馬上運作。因此，往往必須在出門前兩個小時就起床，一邊準備早餐，一邊慢慢讓身體甦醒。

首先是將果醬或抹醬類的罐裝食品擺在餐桌上，然後煮熱水。

接下來和老公一起動手，老公負責把刀叉擺在餐桌上，然後用手動磨豆機磨咖啡豆。等到熱水煮滾了，就開始滴濾咖啡，這時我開始烤麵包、煎培根蛋，以及加熱咖啡歐蕾需要使用的牛奶。

屋子裡會充滿著咖啡香氣，並散布奶油香味。等肚子開始咕嚕作響時，我知道身體已經醒來了。做早餐時，能感受著蛋打進平底鍋裡，發出滋滋的美味聲音；聲音與香氣都屬於味道的一環，沒辦法享受這些的話，早餐的美味就會打折扣。

coconut pine

當吐司烤到酥脆時，滋滋作響的培根蛋也完成了，再把煮好的咖啡歐蕾一起端上桌來，就可以開動囉！

我家把剛烤好的吐司、剛煮好的咖啡歐蕾，以及剛煎好的培根蛋，稱為「早餐三剛」。要像這樣網羅所有食物最美味的時刻，家人之間彼此互相幫忙是很重要的。

我家的早餐，就是由我和老公同心協力一起完成。如果這天的早餐準備得很順利的話，就能夠以幸福的心情展開一整天。

枇杷的報恩

我家位在涉谷高台一處老舊公寓的其中一戶。公寓建於東京奧運（一九六四年）的前一年，是棟屋齡將近五十年的老公寓。網路上的住宅情報網站寫著「古董公寓」，不過我家可沒有那麼時髦，不僅電梯很慢，水管明顯老舊，馬桶沖水後，也要花上兩、三分鐘才能夠再度沖水。

搬來這裡到今年已經是第九年，為什麼要搬到這麼老舊的公

寓呢？因爲四周綠意盎然，讓人很難想像這裡是涉谷，而且陽台相當寬闊。

我在陽台上種了不少植物，目前大概共有三百盆、兩百五十種左右的盆栽。

其中最老的是枇杷樹。因爲別人當作伴手禮拿來送我的枇杷，實在太好吃了，所以我試著把種子放在花盆裡栽種。我心想，如果能夠種出來，就可以再次品嚐美味的枇杷了。種枇杷的時候，正值我與老公結婚，因此枇杷樹也成了我們兩人的紀念樹。

但是中間經過十年，枇杷樹仍然沒有結出果實，然後還經歷了幾次危機。

枇杷樹曾被颱風吹倒，不僅花盆破了，樹枝也斷了，還屢屢遭金龜子破壞。不過，經由我好好整理之後，過了兩、三個星期，枇杷樹總算恢復精神，樹枝有生氣地朝著天空伸展。「人生百折不撓」的道理，這就是枇杷樹帶給我的領悟。

換了花盆、加以施肥、持續有耐心地澆水……

到了第十五年，枇杷樹居然結出七顆果實。然後隔年是十五顆，再隔年是三十顆，簡直像是「枇杷的報恩」一樣。因爲是從種子開始培育，我彷彿看到自己的孩子長大成人了，爲此格外高興。

到了夏初，枇杷的果實變成黃色，每天早上我和老公兩人就會摘取兩、三顆享用，當作是獎勵負責去陽台澆水的我。熟透的枇杷眞是美味無比，吃不完的就把它們做成糖漬，裝在罐子裡保存，

十分珍惜地享用。

廚房花園與罐裝食品

陽台上還有許多其他果樹。莓果類不用特別照顧，收穫量也多，因此我種了黑莓、覆盆子、藍莓。只是，莓果類果實成熟的時間各不相同，所以採收成熟的果實後，要先冷凍保存，等收集到一定的數量，再用來烤蛋糕或製作罐裝食品。

另外，利用莓果來製作果實酒也很好玩。每天摘取熟透的莓果，一點一點放入裝了冰糖與伏特加的瓶子裡，欣賞莓果的紅色一點一點溶出、逐漸改變的樣子，也是一種樂趣。陽台上還有香草類，其中的迷迭香、百里香、鼠尾草、薄荷、歐芹、羅勒，都是我製作罐裝食品時不可或缺的材料，也是用來替料理增色的好東西。生長速度快的薄荷，可在梅雨季節之前採收，做成薄荷糖漿。羅勒也是一下子就長得很茂盛，在它變成青蟲的食物之前，趕緊先做成青醬裝瓶；採收之後，馬上又

會冒出新芽，如此就能悠閒地在想吃的時候品嚐到。

像這樣嘗試的過程中，誕生出「魔法罐裝食品」，或許也是多虧陽台上的廚房花園幫忙。

週末在陽台上用餐

平日繁忙，多半草草處理三餐，不過如果有時間，我就會悠閒地用餐。

天氣好的日子，我家固定會在陽台上吃飯。材料採購完畢後，老公負責準備炭火，我則在廚房備妥材料，然後兩個人一起坐在炭火前面慢慢烹煮。

買到活跳跳的鮮魚時，我會利用番茄乾來製作義式水煮魚。收尾時則將義大利麵加入剩下的湯汁中，做成什錦海鮮義大利漁夫麵（Spaghetti alla pescatora）。

簡單地烤蔬菜與肉的時候，也會很講究辛香料和醬汁。

牛排會使用自製的柚子胡椒或洋蔥醬，有時會加上蘋果洋蔥酸甜醬。另外，也會將雞肉抹上豆豉醬做成中菜風格，炙茄子抹上辣椒味噌做成日本田樂風，蔬菜棒搭配大蒜味噌蘸醬；這些同時也是罐裝食品的應用。有了罐裝食品，就能夠快速完成烹煮，增加悠閒用餐的時間。

冬天在陽台上吃飯的話，我們會穿上刷毛料子的衣服或羽絨外套，圍著炭火享受露營的感覺。所有食材都可以在剛煮好的時候趁熱吃，眞是至高無上的享受。

我們也經常邀請朋友一起來我家陽台上聚餐。煮菜的聲音、升起

的水蒸氣、挑起食慾的香氣，我們就像待在開放式廚房的餐廳一般，這也是在陽台上用餐的好處。

如此一來，我也不用一直待在廚房裡，能夠和大家一起度過愉快的時光。因此，我越來越喜歡在陽台上用餐了。

外出採購的樂趣

外出旅行時，前往早市和休息站是我的興趣之一。在那些地方可以買到當地的食材，能夠和在地人或生產者直接交易購買。

比方說，能夠向他們請教吃法、蔬菜的選購方式，以及下廚準備的訣竅等眾多無法從超市得到的資訊。

話雖如此，我也沒辦法經常外出旅行。不過，東京有許多地方生產者聚集的「農夫市場」，週末可以前往採購，就當作去小旅行。

當然，我的目標是那些量多又便宜的新鮮蔬菜。這裡就像巴黎的市場一樣，食材都被擺放得很時尚，即使滿是泥巴或形狀怪異

的蔬菜，看起來也很美。

一邊品評、一邊與擺攤的人聊天，試吃過後再買，因爲既便宜又好吃，往往不到三十分鐘購物籃就裝得滿滿的。

買到柔軟的高原高麗菜時，就想製作涼拌捲心菜；看到紅蘿蔔或迷你小黃瓜，就一定要做綜合醬菜，我總是一下子就想到要來「製作罐裝食品」。

罐裝食品是保久食品，外出採購時如果找到便宜又美味的材料，就是最佳的製作時機。

冰箱的整理法

罐裝食品即使不打開蓋子，也能夠確認內容物，所以擺在冰箱裡也很容易管理，這是它的優點。話雖如此，但是冰箱放入許多小瓶子之後，要把擺在最裡面的東西拿出來卻很辛苦。這時我想到的是，可以使用塑膠整理盒。

早餐使用的果醬和抹醬，全都擺在一個整理盒中；另一個整理盒則放置配飯用的佃煮、醬菜等。用餐時，連同整理盒一起拿出冰箱，擺在餐桌上。

調味料則可大致分類後，擺在細長型的整理盒中。而製作點心和麵包時，會使用的發粉與酵母粉就擺在一起，像這樣將類似的材料擺在同一個整理盒裡，整理盒的前側再貼上紙膠帶，寫上內容物名稱，會更方便喔！

配合整理盒的尺寸選用容器，整理起來更簡單。

第 3 章

想要趁新鮮保存的
罐裝水果與香草

番茄果醬

俗話說：「番茄紅了，醫生的臉就綠了。」鮮紅色的番茄是營養價值相當高的蔬菜。再加上好吃，又能夠使用在各種料理上，所以相當受歡迎。我家也經常把番茄運用在沙拉或燉煮料理上，不過最近最喜愛的是這道番茄果醬。有一次，我買了特價的番茄，味道卻水水的，不太好吃，我想著能不能夠讓它變得美味呢?!於是想到做成果醬這個方法。只要搭配上適合番茄的起司，就是最棒的葡萄酒下酒菜了！

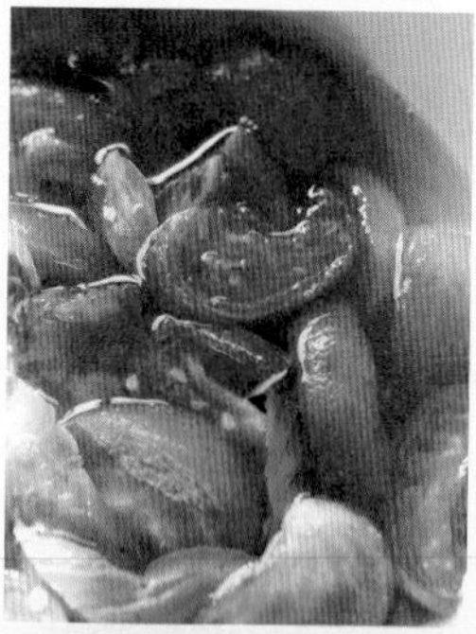

材料（方便製作的份量）

番茄（熱水汆燙去皮、去蒂頭）700g、白砂糖200g、羅勒和迷迭香適量、檸檬汁3大匙

作法

①番茄切成八等分的楔形，抹上白砂糖，加入檸檬汁、羅勒葉、迷迭香入鍋，靜置兩個小時後點火。
②以中火煮，並撈除雜質。果肉煮軟、變得濃稠後關火，趁熱裝瓶。

＊燉煮過頭會出現番茄腥味，只要稍微煮過即可。砂糖份量比一般果醬少，因此兩個星期內必須食用完畢。

椰子鳳梨果醬

將我最愛的鳳梨與椰子組合在一起，加上香草風味，就成了這道奢侈的果醬。

抹在麵包上品嚐當然好吃，不過我更推薦做成鳳梨火腿前菜（pincho）。切塊火腿表面烤得焦脆，塗上一點椰子鳳梨果醬，再以竹籤將酸黃瓜刺上去，光是這樣味道還不夠整合，還得撒上一些胡椒喔！有鹹味的火腿與鳳梨，再配上微香的椰子，這麼美味的組合，請各位務必一試。

材料（方便製作的份量）

鳳梨（果肉）500g、白砂糖250g、椰子絲2大匙、香草豆莢1根、檸檬汁3大匙

作法

①鳳梨切成5mm厚的扇形，與椰子絲、檸檬汁，以及剖成兩半的香草豆莢一起入鍋，撒上白砂糖靜置兩個小時後，再以中火煮。

②撈除雜質後，以小火煮，偶而攪拌，煮到濃稠為止，趁熱裝瓶。

＊一起煮過的香草豆莢還殘留香味，所以大略洗過乾燥後，就可和白砂糖一起裝瓶，做成香草糖。

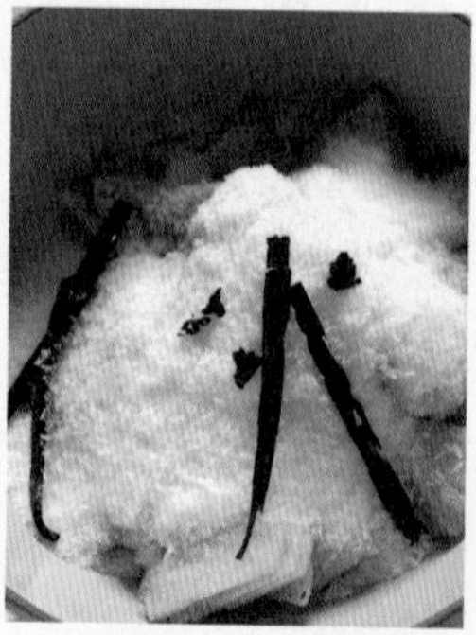

草莓牛奶果醬

草莓牛奶果醬

酸甜草莓淋上大量煉乳享用……，試著把這個令人懷念的滋味做成果醬裝瓶吧！

作法很簡單，只需要使用一個鍋子煮草莓和砂糖，另一個鍋子煮牛奶和砂糖就可以了。紅色與白色的對比非常可愛，插入湯匙時感覺好奢侈啊！不過吃的時候，看見果醬逐漸混在一起變成粉紅色，也是一種樂趣。即時現在已經是大人的我，依舊最愛這個味道，這道果醬永遠是我家自製果醬的冠軍喔！

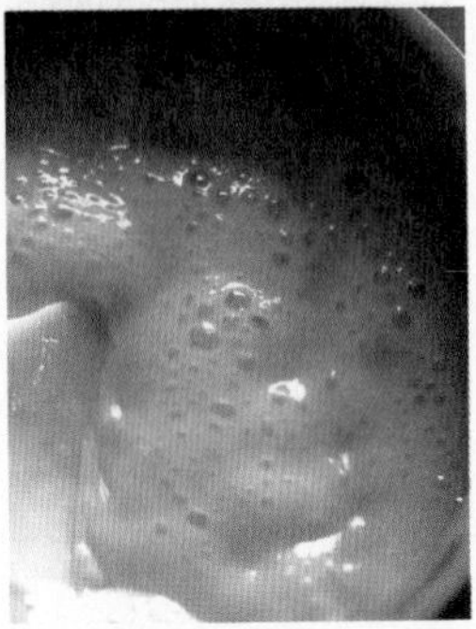

材料（方便製作的份量）

〈A〉草莓500g、白砂糖200g、檸檬汁3大匙
〈B〉牛奶500cc、白砂糖250g

作法

①清洗草莓，去蒂頭。
②將〈A〉入鍋混合，靜置兩個小時後開火，以中火煮，沸騰後撈除雜質。用鍋鏟一邊攪拌、一邊燉煮約二十分鐘，直到變得濃稠為止。
③將〈B〉入鍋，以中火煮，用鍋鏟攪拌鍋底，煮到剩下二分之一的份量。
④把③裝至容器的一半，上面再加入②。放入冰箱冷藏，必須在二到三週內食用完畢。

＊果醬熱的時候雖然水水的，但冰過就會定型，所以要注意不要熬煮過頭。兩種果醬裝瓶後，用湯匙繞一圈，就會產生漂亮的大理石紋路。

綜合柑橘果醬

一看到無農藥的柑橘類，就想做成柑橘果醬。平常我總是拿「甘夏」或夏季橘子等品種來製作，某次偶然在蔬果店看到「春香」和「春美」這兩種罕見的品種，所以試做了綜合柑橘果醬，結果做出過去不曾品嚐過的清爽柑橘果醬。當然只用一種橘子也可以製作，不過只要能買得到，還是建議至少使用兩種柑橘類來製作。不同種類的柑橘滋味融合在一起，就會成爲更加美味的柑橘果醬。

材料（方便製作的份量）

無農藥柑橘類（可搭配檸檬等自己喜歡的柑橘類）1kg、白砂糖400g

作法

①將柑橘切掉蒂頭，切成楔形後去皮，果肉切成扇型。皮切成3mm的細絲後，沖水靜置約十分鐘瀝乾，並擰乾水分，重複這個動作兩次；再以大量的熱水煮過三次，沖水後徹底瀝乾水分。

②果肉與果汁、白砂糖200g，以及用紗布包起的籽和白色纖維部分一起入鍋，靜置兩小時。

③以中火煮②，撈除雜質，再加入皮的部分。以小火煮約二十分鐘，等到皮變得有些透明，拿掉紗布，加入剩下的200g砂糖，繼續煮約十分鐘，趁熱裝瓶。

花生巧克力抹醬

混合大量花生醬和巧克力醬，就能做出花生巧克力醬如此豐富的滋味。只是簡單的組合，卻讓人每天吃也吃不膩。

這道食譜使用的是無糖、無鹽的花生醬，因此搭配使用有甜味的牛奶巧克力。想要降低甜味的話，可將一半的巧克力換成苦味巧克力，就能做出大人的味道。

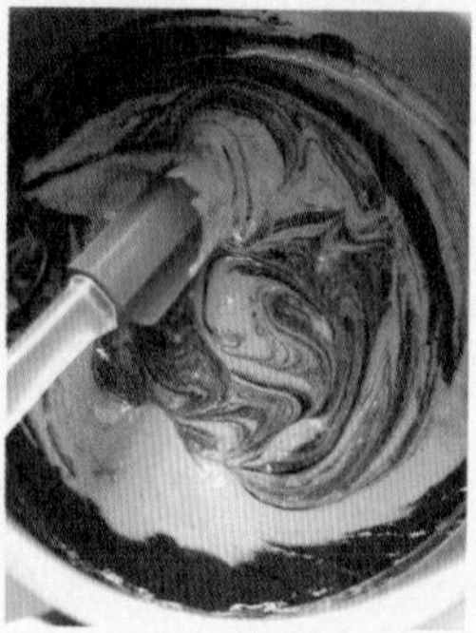

材料（方便製作的份量）

牛奶巧克力150g、花生醬（無鹽、無糖）100g
〈A〉液態鮮奶油150g、麥芽糖1大匙、煉乳50g

作法

①將〈A〉入鍋，以小火煮，煮到麥芽糖溶解。
②關火，加入切碎的巧克力溶解。如果很難溶解，可用小火加熱至完全溶解。
③趁著②微溫時，加入花生醬混合均勻。
④裝瓶時要避免空氣進入。

＊放冰箱可冷藏保存兩個星期。

蘋果洋蔥酸甜醬（chutney）

我從帶點肉桂與嫩薑等香料味的蘋果果醬開始製作，不知不覺間，做出加了大量洋蔥、大蒜、香料的酸甜醬。酸甜醬的源頭位於印度，在那裡把它當作搭配料理一起享用的辛香料。在日本也多半是在咖哩完成時提味用，但其實它也可以像果醬一樣，抹在麵包上或當作醬料，用途廣泛。香料放在裡頭越久，香氣會越來越強，因此必須看準時機提前取出來。

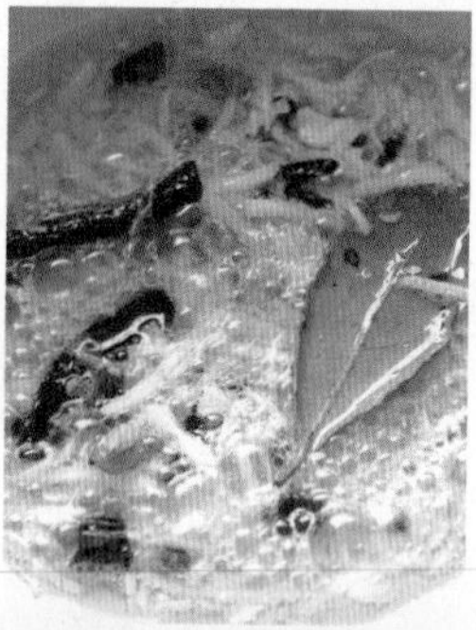

材料（方便製作的份量）

蘋果、洋蔥各300g、橄欖油2大匙、嫩薑1大塊、大蒜3瓣、鹽1小匙多、檸檬1/2顆

〈A〉肉桂1塊、小豆蔻2顆、丁香3顆、月桂葉1片、胡椒粒5粒、乾辣椒1～2根

〈B〉砂糖3大匙、醋和白酒各90cc

作法

①檸檬皮切絲，檸檬擠汁。橄欖油和〈A〉放入鍋中，以小火煮。

②大蒜和嫩薑切絲後一起入鍋拌炒，再加入粗切的洋蔥，以及切成扇形的蘋果，炒至透明。

③加入檸檬皮、檸檬汁、〈B〉，以中火煨煮。收乾湯汁後，加鹽調味。

④趁熱裝瓶。

＊如果煮到變成麥芽色，可在冰箱冷藏保存一年。

雞肉咖哩

材料（4 人份）

雞翅膀8隻、洋蔥2顆、番茄（大的）3顆、白飯適量、沙拉油5大匙、咖哩粉3大匙、蘋果洋蔥酸甜醬2大匙、香菜適量、鹽1小匙、胡椒少許

〈A〉鹽1/2小匙、胡椒少許

〈B〉優格2杯、大蒜泥少許、鹽1/2小匙、小黃瓜1根、紫色洋蔥1/4顆

作法

①將〈A〉揉入雞翅。洋蔥、紫色洋蔥、番茄切丁，小黃瓜切成扇形。

②鍋中放入沙拉油炒雞翅，炒到表面有焦色就可以取出。

③洋蔥炒到透明，加入蘋果洋蔥酸甜醬和咖哩粉，炒出香味，再加入番茄，炒到番茄軟爛。

④把雞翅放回鍋中，蓋上蓋子，以小火煮到肉變軟為止，加鹽、胡椒調味。將白飯、④，以及混合好的〈B〉一起盛盤，擺上香菜即可。

烤豬肉

材料（4人份）

豬肩里肌肉塊500g、橄欖油1大匙
〈A〉鹽10g、大蒜泥1瓣的份量、胡椒少許
〈B〉蘋果洋蔥酸甜醬4大匙、日本酒2大匙、醬油1～2小匙

作法

①將〈A〉揉入肉裡，靜置兩小時。
②以大火加熱平底鍋，放入橄欖油，將①的表面煎至焦脆。
③將②擺在耐熱容器上，放入預熱180度的烤箱烤四十分鐘。烤到竹籤能夠刺穿肉塊、流出肉汁，就完成了。
④把耐熱容器中剩下的肉汁和〈B〉放入鍋中，稍微燉煮再淋到肉上。

＊烤好的豬肉馬上切開，肉汁會流失，因此可先用鋁箔紙包起來靜置約十分鐘。

粉紅葡萄柚果凍

最適合在夏季當作禮物送人的，就是這道粉紅葡萄柚果凍。不使用砂糖，只使用葡萄柚的果汁和果肉來製作，因此就如同在吃整顆葡萄柚般清涼。食譜中使用寒天讓果汁變成固體，無須擔心會像膠質一樣，一遇到夏天高溫就溶化。

這道罐裝食品製作很簡單，完全取決於素材的原味。如果你手邊有味道濃郁又好吃的葡萄柚，請務必一試。另外也可混合粉紅葡萄柚和白葡萄柚，同樣漂亮又美味！

材料（方便製作的份量）

粉紅葡萄柚6顆、寒天粉3g

作法

①將3顆葡萄柚以螺旋狀方式去皮，菜刀插入薄皮和果肉之間取下果肉。剩下的3顆擠成果汁。

②將取下果肉的薄皮也擠壓出果汁，和①的果汁合在一起湊至500cc。

③鍋中放入果汁和寒天粉，以中火煮到沸騰後轉小火，一邊攪拌、一邊煮一分鐘。

④果肉裝瓶，將③倒入。稍微放冷後蓋上蓋子，放入冰箱冷藏。

＊如果不夠甜，可再加入砂糖。

蜂蜜迷你番茄

爲了讓水水的番茄變好吃，我製作出這道蜂蜜迷你番茄。以蜂蜜漬迷你番茄，番茄會吸收蜂蜜的糖分，排出多餘的水分，變成糖漿。因此果肉會變得甜而濃郁，同時會產生許多清爽的糖漿，眞是一舉兩得。

另外，如果將迷你番茄像丸子般三顆串成一串，就像簡單的輕食一樣，可輕鬆享用，用來當作家庭派對上的甜點，也很方便。

材料（方便製作的份量）

迷你番茄18顆、薄荷葉適量
〈A〉蜂蜜2大匙、檸檬汁50cc

作法

①迷你番茄去蒂頭，用菜刀尖端畫開外皮。
②把①放入煮沸的熱水中，皮綻開就馬上放入冷水中。
③去皮裝瓶，加入〈A〉。撒上切碎的薄荷葉，輕輕混合，放入冰箱三小時入味。放入冰箱保存，必須在二到三天食用完畢。

＊一般番茄切成1cm厚片浸泡〈A〉，也同樣美味。

紅酒漬蘋果

要糖漬水果時，最後多半會利用白酒將它做成清爽口味，不過這道糖漬蘋果也可以使用紅酒，只要再加入檸檬和肉桂，就更有異國風味了。蘋果切成較厚的圓片，正好能放進瓶子裡，也方便取出食用；稍微瀝乾湯汁，一片片冷凍後，就是脆口的凍蘋果。另外，將蘋果的蒂頭留著，只把皮去掉，以完整形狀糖漬的話，外型看起來也很有趣喔！

材料（蘋果3顆的份量）

蘋果3顆

〈A〉水550cc、紅酒200cc、白砂糖150g、肉桂1塊、檸檬片1/2顆的份量、檸檬汁2大匙

作法

①蘋果切成1.5cm厚的圓片，以水果刀刀尖或瓶子的塑膠圓蓋挖除果核，去皮。

②將〈A〉放入鍋中煮到砂糖溶化，加入蘋果，蓋上小木蓋，以小火煮十分鐘。趁熱裝瓶加蓋，稍微放冷後，放入冰箱冷藏。

＊蘋果建議選擇有酸味的紅玉或霸王等品種。真空狀態可常溫保存三個月，這種情況下要將生蘋果與煮到溶化的〈A〉一起裝瓶加蓋脫氧。

香料糖漬桃子

一提到糖漬桃子，或許你會以為像罐裝桃子般泡在糖漿裡，事實上完全不一樣。這道食譜減少了砂糖用量，讓桃子吸收香料的香氣，因此是最適合夏天、口感輕爽的甜點。桃子直接吃當然也很美味，所以好吃的桃子可以直接食用，如果買到比較不甜的桃子，或是盛產期很便宜時，就可以參考這道食譜。無花果和蘋果也可利用同樣的方式製作，不過建議以較硬的水果來製作，風味更佳。

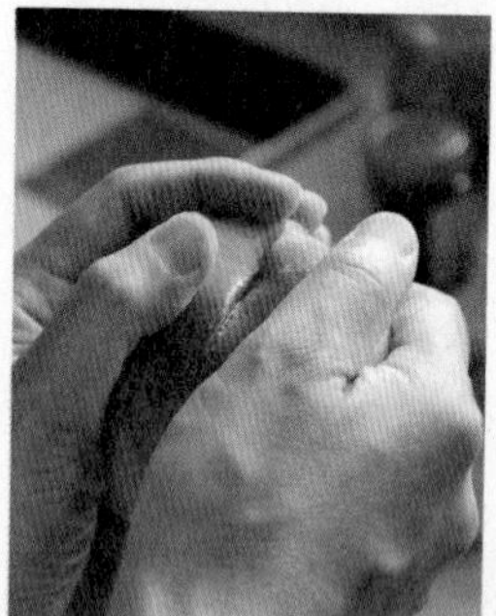

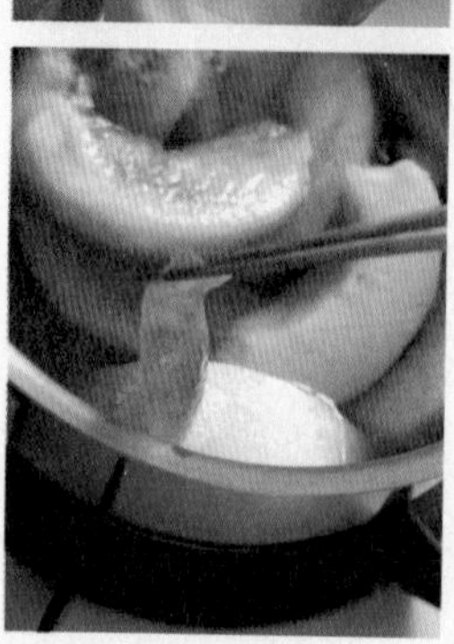

材料（方便製作的份量）

桃子3顆

〈A〉白酒和水各300cc、白砂糖120g、檸檬汁2大匙、小豆蔻2顆、肉桂1塊、嫩薑片3片

作法

①桃子洗乾淨。以處理酪梨時同樣的方式，將菜刀沿著桃子的凹線切一圈，雙手抓住桃子兩側一扭，將桃子分成兩半後，連皮切成楔形。

②將〈A〉放入鍋中，煮到砂糖溶化，加入①，蓋上小木蓋，以小火煮五分鐘。桃子皮浮起就剝掉，再趁熱裝瓶放冷。

＊放入冰箱冷藏，可保存約兩個星期。

關於香料

我使用的香料盒擺了肉桂、小豆蔻、孜然籽等九種香料。香料不只能夠提供美好的香氣，還能促進食慾、促進血液循環、增強肝臟功能，一吃下使用大量香料的咖哩，就會變得精力充沛，絕對不是錯覺。

因為我喜歡印度菜，所以收集了不少香料。自從了解香料的特徵後，我也經常使用在印度菜之外的料理上，現在香料仍是我製作的料理中，占有一席之地的重要材料。尤其最常使用的是孜然籽，以平底鍋煎過後磨碎，撒在沙拉、湯品或馬鈴薯燉肉上，就能夠增添異國風味。炒過的孜然香氣更加明顯，也不會有辣味，當作碎芝麻一樣，撒一點點在常吃的料理上，味道就會截然不同。

製作甜點時方便使用的香料，包括甜香的肉桂、有清爽香氣的小豆蔻、濃郁

甜香並帶有刺激香氣的丁香。尤其是小豆蔻和牛奶最搭，用在香草冰淇淋上，更能提升美味程度。然而如果每一種香料使用過量，就會出現藥味，還不熟悉的時候，建議從少量開始使用。

另外，可趁香料新鮮時做成印度混合調味料葛拉姆馬薩拉（Garam masala，俗稱印度咖哩粉）、茶用香料（Chai Masala）或肉桂糖，隨時都可取用，相當方便。

這裡將介紹我最推薦的茶用香料作法：乾燥嫩薑片15片、小指大小的肉桂2根、小豆蔻和丁香各20顆、小茴香籽2小匙，經過粗磨碾碎就完成了。品嚐的方式：準備煮沸的熱水1／4杯，加上1／2小匙茶用香料、1大匙多的紅茶葉，以小火煮一分鐘，再加入1杯牛奶，放入大量砂糖即可；加入一點點奶油或挖耳杓1匙的鹽巴，味道會更扎實好喝。

梅子糖漿

梅子可以製成的東西包括梅酒、梅乾、梅子果醬等，種類衆多，不過第一次製作的話，何不考慮梅子糖漿？作法很簡單，與梅酒不同，它不使用酒類，因此也推薦給有年幼小孩的家庭。當我完成梅子糖漿時正值梅雨季節，這種時候，用充滿梅子檸檬酸的糖漿兌氣泡水飲用，身體會覺得很爽快。要做出美味梅子糖漿的祕訣就在於，因爲以砂糖糖漬，所以要每天晃動容器，讓砂糖盡快溶化。這道食譜使用的是熟透的小青梅，如果使用一般梅子或青梅，也可做出美味的成品。

材料（方便製作的份量）

小青梅1kg、砂糖（蔗糖、白砂糖、冰糖等以等比混合）1kg

作法

①小青梅洗乾淨後瀝乾水分，以牙籤去蒂。
②將小青梅放入盆中，裹上1/3份量的砂糖。
③把②裝瓶，上面撒入剩下的砂糖。每天晃動瓶子，讓砂糖滲入梅子。待砂糖溶化、梅子變得皺巴巴時，用篩網過濾出糖漿，隔水加熱一個小時之後，再度裝瓶。

＊隔水加熱可防止糖漿發酵。常溫可保存半年。

紅紫蘇糖漿

一到梅子盛產的六、七月，店門口也會開始出現紅紫蘇，這個時期正是製作紅紫蘇糖漿的好機會。我當然也不會錯過，但因爲太好喝了，每次總是一下子就喝完了，所以製作時建議多做一點。

我家六月時會製作的份量，比以下食譜多出一倍，七月時則是等量。以紅紫蘇糖漿製作的蘇打，是夏天的能量飲料，口感清爽，是預防夏天中暑不可或缺的糖漿。

材料（方便製作的份量）

紅紫蘇（去莖）200g、水1500cc、白砂糖500g、醋1杯

作法

①大鍋裡裝著大量的水煮滾，放入清洗乾淨的紅紫蘇葉。用筷子把葉子壓下去，再度沸騰後，煮五分鐘。
②當紅色的葉子煮成綠色時，用篩網過濾掉葉子。
③把②移到鍋子裡，加入白砂糖、1/2杯的醋。待液體變成鮮豔明亮的紅紫色，且白砂糖溶化後，以中火煮到剩下2/3的份量。
④關火，加入剩下的醋，放冷後裝瓶。常溫可保存四個月。

薄荷糖漿

薄荷糖漿

用生薄荷葉調製的雞尾酒「莫西多（MOJITO）」，改用薄荷糖漿也能簡單完成。薄荷獨特的清涼精油成分具有揮發性，因此薄荷糖漿或許比不上生薄荷葉，不過還是能夠享受到薄荷風味。

至於其他使用方式，可用加入檸檬汁的薄荷糖漿浸泡水果丁，就成了義大利水果酒「水果沙拉（Macedonia）」。另外，加入冰紅茶中，就變成薄荷冰茶。使用的薄荷種類建議選擇綠薄荷（spearmint）和胡椒薄荷（peppermint）。

材料（方便製作的份量）

薄荷（拿掉粗莖）70g
〈A〉水250ccc、砂糖200g

作法

①將薄荷葉30g切成粗末。
②把〈A〉和沒有切碎的薄荷葉一起放入鍋中，以小火煮十分鐘。
③關火，加入①混合，蓋上蓋子蒸五分鐘。用篩網過濾後裝瓶，放冷後蓋上蓋子。常溫可保存兩個月。

檸檬糖漿

雖然果汁可以在外面的店家買到，不過用自製糖漿調製的飲料更好喝喔！另外，因為材料全是自己挑選的，品嚐起來也更安心。這道檸檬糖漿不只使用擠出來的檸檬汁，也會用上檸檬皮，所以建議選用無農藥、無蠟的檸檬。日本產的檸檬約十一月到二月可在市面上看到，可趁著盛產季節價格實惠時製作。家裡只要有一瓶檸檬糖漿，馬上就能做出檸檬水，加了紅茶就是檸檬茶。夏天還可當作刨冰的糖漿，或兌氣泡水做成檸檬汽水。

材料（方便製作的份量）

無農藥、無蠟的檸檬8顆、白砂糖800g、水1L

作法

①檸檬洗乾淨後去皮，皮留下。鍋中放入水和檸檬，煮到沸騰後，繼續煮兩分鐘。

②取①的熱水500cc。拿出檸檬，對半切開，擠出300cc的檸檬汁。

③鍋中放入②的熱水、①剝下的皮與白砂糖，以中火煮到皮有透明感（約五至六分鐘）。

④在③中加入檸檬汁，繼續煮約三分鐘後離火。

⑤以紗布過濾後裝瓶。常溫可保存兩個月，真空狀態可保存一年。

嫩薑糖漿

京都的夏季即景之一就是「冷飴」。所謂「冷飴」，是關西地方特有的飲料，具有嫩薑與肉桂風味的琥珀色冷飲。只要喝一口，就能消除京都酷熱所引起的全身發軟。

爲了在東京也能喝到「冷飴」，我做了這道嫩薑糖漿。建議可依照喜歡的濃度兌水，不加冰塊，放在冰箱裡冰涼後飲用。此外，只要加入熱奶茶，就是印度奶茶。

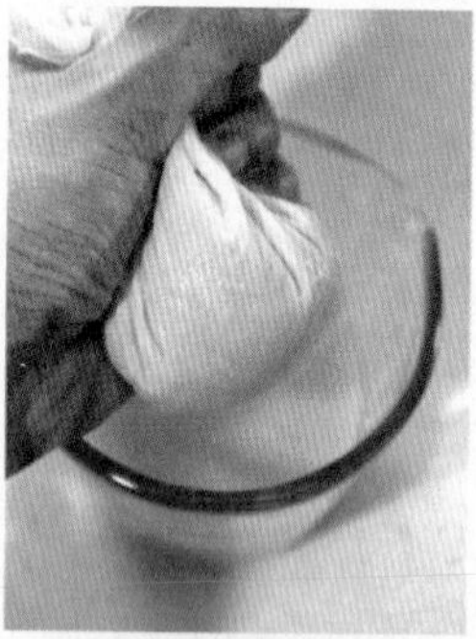

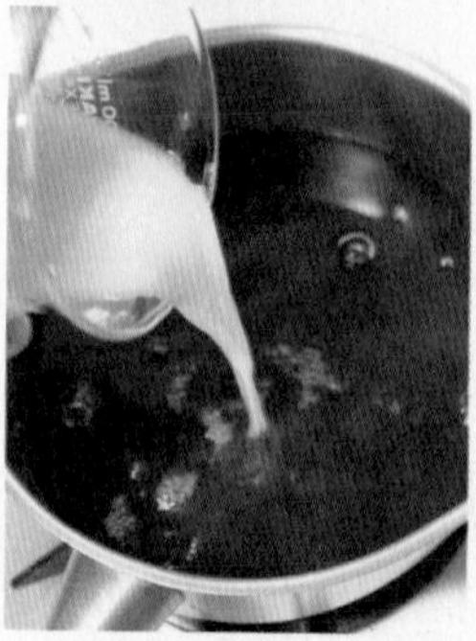

材料（方便製作的份量）

嫩薑300g、水450cc、砂糖600g、麥芽糖300g、肉桂1～2塊

作法

①嫩薑洗去泥沙，磨成泥，再用紗布擰出薑汁。薑汁與殘渣分開。

②鍋中放入水、砂糖、嫩薑的殘渣，煮滾後撈除雜質。以小火煮約十分鐘，用紗布過濾擠汁。

③把過濾後的②放回鍋中，加入麥芽糖、薑汁、肉桂，煮滾後以小火煮約八分鐘，離火。裝瓶放入冰箱冷藏，可保存三個月。

*使用純麥芽糖的話，口味更道地喔！

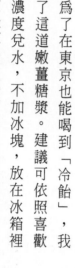

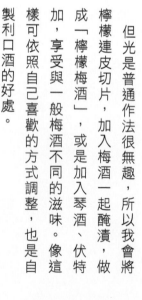

自己做利口酒（香甜酒）

說起自製利口酒的代表，應該就是梅酒了。我也是每年一到梅子季節，一定會製作梅酒。

但光是普通作法很無趣，所以我會將檸檬連皮切片，加入梅酒一起醃漬，做成「檸檬梅酒」，或是加入琴酒、伏特加，享受與一般梅酒不同的滋味。像這樣可依照自己喜歡的方式調整，也是自製利口酒的好處。

使用色彩鮮豔的果實製作利口酒，醃漬過程中，就能欣賞到果實的模樣，這也是樂趣之一。擺在隨時能夠看到的地方，欣賞色彩的變化，偶而晃動容器混合一下，可加速果汁的萃取。

我用果實醃漬的利口酒，基本作法是酒精10：果實6：砂糖5的比例。醃漬時間長短會受果實大小所影響，大約是三個月到一年左右，從第三個月就能開始試味道，在剛好的時機撈起果實，品嚐清爽滋味的時間就可以延長更久。

除了果實之外，我也介紹幾種作法簡單又美味的利口酒。一種是用蘭姆酒醃漬咖啡豆的「咖啡蘭姆酒」。用黑蘭姆酒或白蘭姆酒450cc，加入砂糖100g和咖啡豆25g醃漬後，每天晃動瓶子，

幫助砂糖溶化。

約一個月之後過濾，拿掉咖啡豆就完成了。白蘭姆加入冰糖會很清爽，黑蘭姆可加入蔗糖增加醇厚口感，能夠享受不同的滋味。使用剛烘焙好的新鮮咖啡豆來製作，就是最棒的餐後酒，也是香氣濃郁、屬於大人的利口酒。

糖封嫩薑檸檬

以前只要收到許多檸檬，我總會馬上開始想能夠用在哪裡，於是就想到這道糖封料理。作法十分簡單，只需要準備檸檬、嫩薑與砂糖，以及乾淨的容器就行了。利用大量砂糖來醃漬，滲透壓會讓檸檬與嫩薑滲出大量精華，這樣就完成了！

把檸檬與嫩薑放入杯中，注入熱水，就成了能夠暖和身子的熱飲，切碎來製作烘焙西點也很美味。如果用蜂蜜代替砂糖，又能夠享受到另一番滋味。

材料（方便製作的份量）

無農藥、無蠟的檸檬3顆、嫩薑1大塊、白砂糖（與檸檬和嫩薑加起來的重量等重之份量）

作法

①將檸檬2顆和嫩薑清洗乾淨，切成薄片。
②瓶中交疊放入檸檬、白砂糖、嫩薑、白砂糖，依序完成。
③最後蓋上白砂糖，剩下的檸檬擠成汁，裝入瓶中，蓋上蓋子。放入冰箱冷藏可保存一個月。

蜂蜜漬堅果水果乾

我曾經買過義大利製的蜂蜜漬堅果水果乾，發現味道和想像中不一樣而感到失望。因爲覺得不甘心，於是馬上使用自己喜歡的堅果和水果乾來挑戰，反而覺得自己做的好吃多了。果然選用自己喜歡的材料來製作，味道就會不一樣。製作時，最好選擇金合歡花等不太有強烈味道的蜂蜜。

材料（方便製作的份量）

葡萄乾、無籽葡萄乾、無花果乾、核桃、杏仁、長山核桃（Pecan Nuts）、腰果等你喜歡的水果乾和堅果各30g、蜂蜜450g

作法

①將堅果類擺在烤盤上，放入烤箱以150度烤十到十五分鐘，攤在紙上放冷。
②蜂蜜連同容器，打開蓋子，隔水加熱，以降低濃稠度。
③將水果乾和堅果裝瓶，再倒入蜂蜜，放冷後蓋上蓋子即可。

＊常溫可保存約半年。

蜂蜜漬花梨果

知名的喉糖「花梨果（Chaenomeles sinensis，又稱日本木瓜）」因爲具備壓抑咳嗽、喉嚨發炎等的成分，而廣爲人知。但是這種果實澀味強烈，不能生吃，因此一般的作法是以蜂蜜或酒精醃漬後，萃取出藥效成分。花梨果的種子也含有許多有效成分，所以製作罐裝食品時，記得不要丟棄，把它和果肉一起醃漬。

醃漬後果肉會變得乾燥，只要放入杯中、加入熱水，就能夠享受一杯花梨果茶。

材料（花梨果 1 顆的份量）

花梨果1顆、蜂蜜（花梨果重量的三倍）

作法

①用熱水將花梨果表面清洗乾淨。
②對半切開取出籽，果肉用菜刀或削皮刀切成薄片。蜂蜜連同容器，打開蓋子，隔水加熱，以降低濃稠度。
③花梨果（連同籽）和蜂蜜放入瓶中，蓋上蓋子。每兩天一次，用湯匙或攪拌棒徹底攪動底部。
④醃漬約兩個月時，以紗布過濾裝瓶，隔水加熱約一個小時。

＊步驟④的隔水加熱是為了防止糖漿發酵。常溫可保存一年。

關於罐裝食品的標籤

罐裝食品完成後，就馬上貼上標籤，這麼做不只是方便了解內容物，同時寫上製造日期，就能夠判斷保存期限，必須盡早吃完的東西，擺在冰箱內的前側，也有助於收納。

標籤最簡單的做法，就是使用紙膠帶。紙膠帶可用在熟食等一個星期內必須吃完的東西上；紙膠帶耐水，在罐裝食品吃完後，可以撕得很乾淨，不會殘留，顏色和花樣也多采多姿。還可依照罐裝食品的種類來分顏色，例如：配飯菜就用褐色、醬菜用綠色紙膠帶等，這樣就無須在冰箱裡找來找去。但是，可長期保存的果醬、糖漿等，為了避免保存過程中標籤脫落，最好使用黏貼效果較強的標籤。

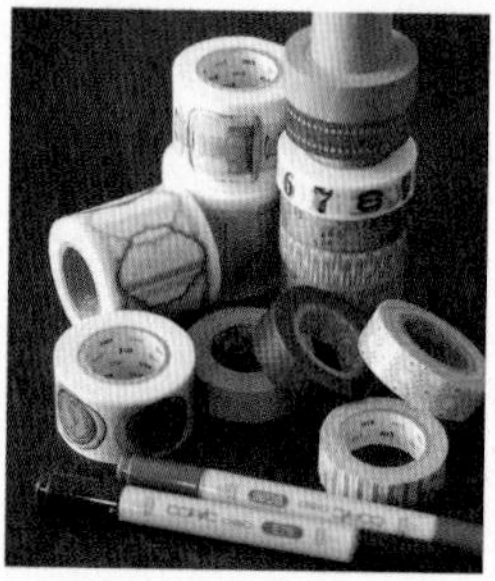

另外，要分送給別人的罐裝食品，可用和紙製作標籤，我會蓋上個人標誌「猴子印章」後貼上。花點心思在標籤上，罐裝食品就成了絕佳的禮物。

第4章

幫助料理提味的
魔法調味料

歐芹醬

買歐芹的時候，明明只想要買一點點，店家卻幾乎都像攤販一樣整把賣。買回家用不完的歐芹，就可以做這道歐芹醬。做成抹醬後，就能馬上使用，也不用挑選搭配的食材，不管是蔬菜、肉類或魚類，隨意使用即可。

歐芹醬不僅可用來涼拌剛燙好的蔬菜，做成熱沙拉，也可當作肉類、魚類的淋醬。只是放久了，原來的顏色會不再鮮豔，不過擺一個星期沒問題，記得放入冰箱冷藏保存。

材料（方便製作的份量）

歐芹（去莖）50g、洋蔥1/4顆、大蒜1瓣、檸檬1/2顆、橄欖油100cc、鹽2/3小匙

作法

①洋蔥切碎，抹上1/2小匙的鹽（另外準備），靜置五分鐘。出水後，瀝乾水分。
②擠出檸檬汁，磨下檸檬皮。
③將歐芹、大蒜末、①、②、鹽、橄欖油，全放入食物調理機攪拌即完成。

＊可依照個人喜好加入少量的酸豆，或用義大利歐芹製作更美味。

塔布雷沙拉(taboulé)

材料(4人份)

薄荷1包、甜椒紅、黃各1/4顆、小黃瓜1條、紫色洋蔥1/4顆、番茄1/2顆
〈A〉庫斯庫斯1杯、鹽1小匙、橄欖油1大匙
〈B〉歐芹醬3大匙、孜然1又1/2小匙、檸檬汁1又1/2大匙、鹽、胡椒各少許

作法

①將〈A〉放入耐熱容器,加入2杯熱水混合。馬上瀝乾熱水,蓋上保鮮膜蒸五分鐘。
②用打蛋器打散①,放進微波爐加熱五分鐘。
③用打蛋器打散②後放冷。
④薄荷大略切過,其他蔬菜切成1cm塊狀。
⑤將薄荷之外的其他蔬菜,和〈B〉放入盆中浸泡入味。
⑥把③加入⑤中混合,放入冰箱冷藏。要吃之前撒上薄荷。

青醬燉沙丁魚

材料(2～3人份)

沙丁魚(對半切開或去骨魚片)6尾、橄欖油2大匙、白酒50cc、歐芹醬2大匙、鹽、胡椒各適量

作法

①沙丁魚的兩面輕輕撒上鹽和胡椒,靜置五分鐘,擦乾流出的水分。
②平底鍋倒入橄欖油,以中至大火從①的魚皮那面開始煎。煎成金黃色就翻面、加入白酒。
③煮滾後,加入歐芹醬,轉小火,一邊淋醬、一邊煮。
④盛盤,撒上胡椒即完成。可依照個人喜好,另外準備歐芹醬淋上品嚐。

洋蔥醬

有人問我最喜歡哪種蔬菜時，我會馬上回答「洋蔥」。生吃會覺得辛辣的洋蔥，慢慢煮熟後，就會變甜，能夠讓料理的味道更圓潤。這道洋蔥醬，用上大量洋蔥與長蔥，絕對相當美味。而且還加入大量薑泥，除了可以消除肉類、魚類的腥味，同時還能調味。這裡使用的是洋蔥丁，改用洋蔥片或粗磨洋蔥泥也同樣美味。

材料（方便製作的份量）

洋蔥2顆、長蔥1根、沙拉油1大匙、醬油75cc、嫩薑泥1大塊的份量

〈A〉日本酒150cc、味醂100cc、砂糖1大匙

作法

①將洋蔥和長蔥切成粗末。

②鍋中放入沙拉油，用小火將①炒到透明。

③將〈A〉放入②中，煮滾後，蓋上蓋子（留一點縫隙），以小火繼續煮約五分鐘。

④放入醬油和嫩薑泥，煮一至兩分鐘至入味為止。

＊放入冰箱冷藏可保存約一個月。

洋蔥醬蒸太平洋鱈魚

材料（2 人份）

太平洋鱈魚魚肉2片、長蔥1根、香菇4朵、鴨兒芹1支、檸檬1/2顆
〈A〉日本酒1大匙、鹽1撮
〈B〉洋蔥醬3大匙、日本酒1大匙

作法

①將魚肉抹上〈A〉後，靜置十分鐘，擦乾水分。
②長蔥斜切，香菇3朵斜切薄片，鴨兒芹大致切過。
③將長蔥鋪在可放入蒸籠的容器底部，上面擺上香菇和①。
④混合〈B〉後，淋在太平洋鱈魚上面。
⑤將容器放入蒸籠，以大火蒸十分鐘。撒上鴨兒芹，旁邊擺上檸檬即完成。

蓮藕堡

材料（4人份）

豬絞肉300g、蓮藕120g、香菇4朵、洋蔥1/4顆、青蔥1根、嫩薑1/2塊、沙拉油1大匙、白蘿蔔泥6大匙、金針菇1包、洋蔥醬4大匙

〈A〉鹽1小匙、日本酒1大匙、醬油2/3小匙

作法

①將1/3份量的蓮藕與嫩薑磨成泥。剩下的蓮藕和香菇、洋蔥切碎。

②豬絞肉與〈A〉混合，直到出現黏性，再加入①混合。

③手上沾沙拉油，將②分成四等分，做成小橢圓片的形狀。

④將厚實材質的平底鍋以大火熱過，放入沙拉油（另外準備），鍋底布滿沙拉油後，放入③煎出焦色再翻面。旁邊放上金針菇，加入50cc的水，蓋上蓋子，以中火蒸煎約五分鐘。

⑤拿下蓋子，放入白蘿蔔泥與洋蔥醬，大略煮過。擺上斜切、泡過水的青蔥即完成，

蘋果沙拉醬

這是我家一定少不了的沙拉醬，老公不喜歡吃酸的食物，因此不愛法式沙拉醬這類酸味較強的淋醬，就算加在沙拉上也不吃。我希望他能夠多吃些蔬菜，於是想出這道蘋果沙拉醬。把蘋果磨成泥加入沙拉醬裡，自然的甜味便會緩和刺激的酸味，變得更容易入口，也更好吃。也可依照喜好，把蘋果換成橘子或葡萄，還有，你肯定想不到改用草莓也很美味喔！

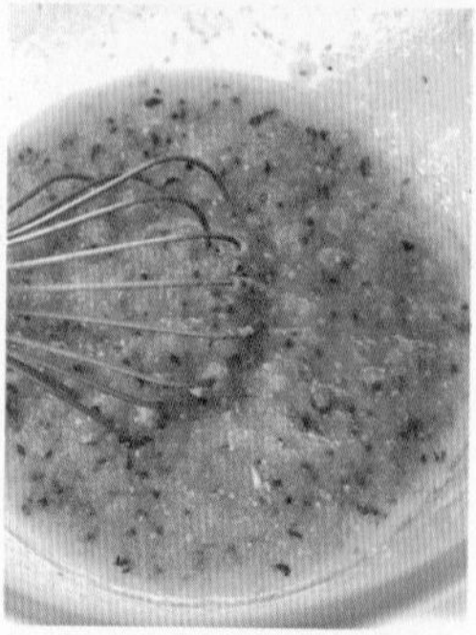

材料（方便製作的份量）

蘋果（帶皮）150g、大蒜1/2瓣

〈A〉芥末粒醬1大匙、檸檬汁2大匙、鹽1小匙、胡椒少許、白酒醋1大匙、橄欖油100cc

作法

①將蘋果洗乾淨，快速磨成泥。大蒜也磨成泥。

②盆中放入①和〈A〉，以打蛋器混合即可。

＊放入冰箱冷藏，可保存約兩個星期。

韓式涼拌醬

「문찌（munjji）」是韓國料理「涼拌菜」的意思。燒肉店的菜單中，最熟悉的「涼拌沙拉」就是以生菜拌沙拉醬。也就是說，韓式涼拌醬可用在各種涼拌菜上，很方便。

使用韓式涼拌醬也能夠簡單地做出韓式拌麵，只要用韓國涼麵或較粗的麵線來拌韓式涼拌醬，再依照個人喜好擺上小黃瓜絲、山茼蒿、白髮蔥，就完成了。在夏天酷熱的日子裡，品嚐酸辣的韓式拌麵，感覺噴出的汗水也會瞬間縮回毛孔裡唷！

材料（方便製作的份量）

醬油、韓國辣椒、砂糖各2大匙、韓國苦椒醬（又稱紅辣椒醬）、醋各5大匙、麻油3大匙、大蒜泥1瓣的份量

作法

①將所有材料放入盆中混合即可。放入冰箱冷藏可保存約兩個月。

＊將生魚片等級的透抽絲與白肉魚拌韓式涼拌醬，搭配生菜絲一起入口，也很美味。

濃醬

所謂「濃醬」，也就是沾麵醬；製作過程中完全不加水，所以放入冰箱冷藏可保存一個月，這是我家平日的常備調味料。

一去超市，就會看到架上整排的沾麵醬，也許你會覺得沒有必要特地製作，但那些並不是「我家」的味道。如果每家都是一樣的味道，總覺得有些寂寞，因此，即使有點麻煩，何不試著將調味料調整成自己喜歡的味道呢?!濃醬可用於蓋飯、沾醬、燉滷，是萬用調味料，家裡有一瓶就會很方便。

材料（方便製作的份量）

醬油300cc、日本酒120cc、味醂180cc、柴魚片60g、昆布20cm

作法

①鍋中放入日本酒、味醂、昆布，靜置一晚。
②將①以小火煮約五分鐘。加入醬油，煮到開始冒泡時，加入柴魚片，以小火煮約十分鐘後，濾掉材料，放冷裝瓶，放入冰箱保存。

＊注意不要煮到太滾，否則會出現臭味。

炒麵攤的醬汁蛋捲

材料（4 人份）

蛋4顆、麻油、沙拉油各1大匙、白蘿蔔泥4大匙、醬油適量
〈A〉濃醬1又1/3大匙、水60cc、砂糖1小匙

作法

①打蛋，加入〈A〉混合，再過濾。
②以大火加熱蛋捲煎鍋或平底鍋，將麻油與沙拉油混合，用廚房紙巾吸飽油後，抹在鍋底。
③倒入1/4的①，若出現大泡泡的話，用筷子戳破。趁半熟狀態時，一邊翻動煎鍋，一邊捲起蛋捲，反覆幾次就完成了。
④切成方便入口的大小盛盤。白蘿蔔泥稍微瀝乾水分擺在旁邊，淋上醬油即可。

豬肉蓋飯

材料（2人份）

豬五花肉160g、洋蔥1/3顆、嫩薑1/2塊、豌豆莢6片、濃醬1/2杯、水1杯、紅薑（參考P.54）少許、白飯適量

作法

①豬肉切成方便入口的大小，洋蔥切成楔形，嫩薑切絲，豌豆莢對半斜切。

②鍋中倒入濃醬和水，煮到沸騰後，加入嫩薑、洋蔥、豬肉，煮到洋蔥變軟為止。關火之前加入豌豆莢煮熟，盛到裝了白飯的碗裡，擺上紅薑即完成。

等比例醬

如同名稱所示，等比例醬是以相同比例的「醬油」、「味醂」、「日本酒」調製而成。我家廚房的流理台很窄，如果擺上各種調味料就會變得亂七八糟，使用不便，於是我有了「既然這樣，先把調味醬調好如何？」的想法。試著這樣做之後，果然方便很多。基本上我在製作滷肉、燉魚等會出湯汁的料理時，不使用柴魚湯頭，而比起濃醬，更常使用的就是等比例醬；根據煮菜的情況，可斟酌用於燉煮類料理或煎烤類料理上，需要甜味時則再加上砂糖。

材料（方便製作的份量）

醬油、味醂、日本酒各100cc

作法

①將醬油、味醂、日本酒等量混合即可。

✽常溫下，可保存兩個月。

100ml
PYREX®
IWAKI TE-32
ASAHI GLASS
MADE IN INDONESIA
UNDER LIC.
100
APPROX
80
60
40
20

圓鍬烤雞

材料（2 人份）

雞腿肉1片、青椒2顆、太白粉適量、沙拉油1小匙
〈A〉鹽1撮、日本酒1大匙
〈B〉等比例醬50cc、砂糖1小匙

作法

①雞肉切成六等分，揉入〈A〉，靜置十分鐘。青椒切成四塊。
②擦掉雞肉的水分，抹上太白粉，並拍掉多餘的粉。
③以中火加熱平底鍋，讓鍋底布滿沙拉油，將青椒炒過後取出。
④將②從雞皮那面開始煎，煎至竹籤刺下去會流出透明湯汁，再沿著鍋邊繞一圈倒入〈B〉，以小火煮到湯汁收乾，將雞肉與青椒一起盛盤即可。

筑前煮

材料（4人份）

雞腿肉200g、蓮藕1小節、牛蒡1根、香菇3朵、紅蘿蔔2/3根、嫩薑1塊、麻油1小匙、砂糖2小匙、等比例醬1/2杯、水適量
〈A〉日本酒1大匙、鹽1撮

作法

①雞肉切成一口大小，揉入〈A〉，靜置十分鐘。
②蓮藕、牛蒡滾刀切，泡醋水（另外準備）。紅蘿蔔滾刀切，嫩薑切絲，香菇對半切。
③鍋子以中火加熱，加入麻油，將擦乾水分的①從雞皮那面開始煎。雞肉表面煎過後，加入②拌炒。
④加入水和砂糖，以大火煮滾後，撈除雜質。
⑤加入等比例醬，蓋上蓋子時稍微留一點縫隙，以中火煮約十分鐘；煮到一半時翻鍋，拿掉蓋子，煮到湯汁剩下一點就完成了。

壽司醋

小時候，母親經常做散壽司和豆皮壽司給我們吃。煮飯的同時，她總是手腳俐落地一邊製作壽司醋，一邊準備材料。壽司等飯類料理再搭配一碗湯，就是豐盛的一餐，也是忙碌主婦的救火隊。當我忙碌時，也經常會將白飯拌壽司醋，再塞進事先煮好的炸豆皮裡，當作晚餐。只要事先做好壽司醋，就能夠少洗一個鍋子。壽司醋相當萬用，請各位務必試試。

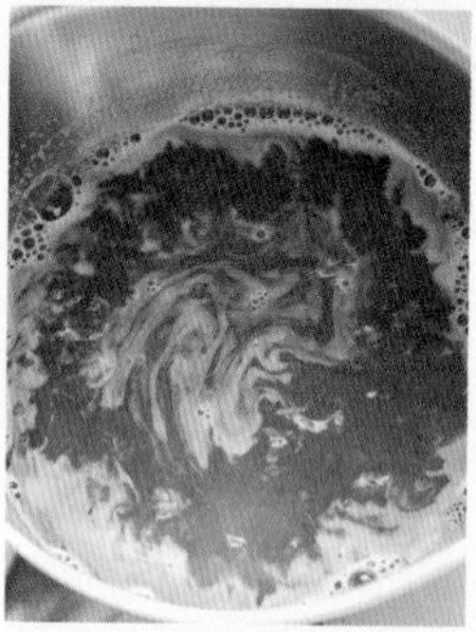

材料（方便製作的份量）

醋240cc、砂糖160g、鹽4大匙

作法

①所有材料放入鍋中煮，讓砂糖和鹽溶解，不要煮到滾。放冷後，裝瓶放入冰箱冷藏，可保存約兩個月。

＊做壽司飯時，白飯和醋的混合比例是量米杯3杯的白飯對60cc的醋。

柚子酸橘醋

在柚子盛產的十二月左右，我會製作的就是這道柚子酸橘醋。酸味溫和的柚子酸橘醋，是搭配滋味細緻的湯豆腐時，不可或缺的調味料。製作完成後，擺放約一個月就能享用，不過如果稍微忍耐一下，靜置兩個月再使用，就會少了刺激的酸味，變得更美味。

在臭橙（Citrus sphaerocarpa）盛產的夏天，我也會製作「臭橙酸橘醋」，它比柚子酸橘醋的味道清爽，最適合搭配秋刀魚等油脂較多的烤魚享用，雖然同屬柑橘類，不過成品完全不一樣。將兩種混合而成的調味料也很可口，請務必試試。

材料（方便製作的份量）

昆布15cm、柴魚片30g
〈A〉柚子汁150cc、醬油200cc、橘子汁90cc、醋2大匙

作法

①昆布和柴魚片放入廣口瓶中，倒入〈A〉，放入冰箱冷藏三個晚上。
②用紗布過濾後，裝瓶放入冰箱冷藏保存。一年內必須食用完畢。

＊保存時，必須裝滿至瓶口，盡量避免接觸空氣。

不浪費醬汁的殘渣

熬煮高湯所剩下的昆布、柴魚片等高湯殘渣，雖然叫做「殘渣」，但仍有味道和營養成分，丟了很可惜。

我會把這些高湯殘渣做成香鬆，混在白飯裡製作飯糰，或是當成炒烏龍麵時的調味料，可說是萬用的好東西。

我習慣一口氣煮很多高湯，所以高湯殘渣也會剩下很多。如果只煮少量高湯，我會先把高湯殘渣用保鮮膜包好，裝進塑膠袋裡再冷凍，累積到某個程度之後，再做成香鬆。

香鬆作法是將昆布與柴魚片的高湯殘渣合計300g，放入食物調理機打碎後，放入鍋中，加入1/2杯等比例醬（參考頁202）、醬油80cc、砂糖1大匙，煮到沒有湯汁為止，再加入2大匙白芝麻和綠海苔粉即可。

只要加入七味辣椒粉增加辣味，就是大人的味道，也可以加入炒散的明太子，享受各種變化滋味。

羅勒醬

一提到夏天想要吃的義大利麵，就少不了用大量羅勒製作的「羅勒醬」。義大利道地的羅勒醬會使用松子，不過這道食譜使用的是我家常有庫存的核桃。除了義大利麵之外，也適合用於涼拌水煮馬鈴薯和章魚，是相當便利的醬料。

爲了避免醬料表面接觸空氣而蓋上一層橄欖油，可在冰箱冷藏保存約十天。我會一次製作許多，只擺一瓶在冰箱冷藏室，其他則放冷凍庫，要使用時再解凍。

材料（方便製作的份量）

羅勒（去莖）90g、核桃30g、大蒜2瓣、橄欖油150cc、鹽2小匙、鯷魚2片

作法

①核桃擺在烤盤上，以150度烤十分鐘後放冷。
②將大略切過的大蒜、核桃與鯷魚，放入食物調理機打碎。倒入橄欖油，最後加入羅勒和鹽，打成泥狀。羅勒醬一接觸到空氣就會變色，因此最好盡量分裝成小罐保存。

Romi-Unie
WECK

醃檸檬

摩洛哥料理中，經常將這道「醃檸檬」當作調味料使用。有一次，我在摩洛哥料理餐廳品嚐雞肉塔吉鍋時，看到裡頭加了黃色蔬菜，一咬，微苦的檸檬香氣在口中擴散，令我很驚訝。雖然早就知道有醃檸檬這種東西，但這還是我第一次吃到，當下覺得「原來如此！」，相當感動。這道醃檸檬除了可用於燉煮類料理之外，濃稠的湯汁也可以當作沙拉醬使用，皮則可加入甜點中，使用方法十分多樣。請務必選擇無農藥與無蠟的檸檬來製作。

材料（方便製作的份量）

無農藥、無蠟的檸檬3顆、粗鹽（與檸檬等量）

作法

①將2顆檸檬去蒂頭，切成八等分楔形，去籽。剩下的1顆擠成汁。

②在容器底部鋪上粗鹽，上面交替疊上檸檬與粗鹽，不要留縫隙。

③最後覆上粗鹽，倒入檸檬汁，蓋上蓋子。

④擺在常溫下約兩個星期，檸檬就會出水。一個月左右，等鹽巴滲入檸檬，即可使用。之後放入冰箱冷藏，可保存約一年。

*將材料塞滿小型容器，檸檬汁就會被擠出來，與粗鹽融合在一起。

雞肉塔吉鍋

材料（4 人份）

帶骨雞腿肉（切成適當大小）600g、紅蘿蔔1根、馬鈴薯2顆、洋蔥1顆、芹菜1根、嫩薑1塊、大蒜1瓣、橄欖8顆、橄欖油4大匙、醃檸檬2片、胡椒少許
〈A〉鹽、大蒜泥、孜然各1小匙、胡椒少許

作法

①把〈A〉揉進雞肉，靜置30分鐘。馬鈴薯切成兩等分，洋蔥切成楔形，紅蘿蔔和芹菜切成四等分。大蒜與嫩薑切絲，醃檸檬的皮切成細絲。
②鍋中放入1大匙橄欖油，從雞肉帶皮的那一面先煎，整體煎出焦色後取出。
③鍋中放入剩下的橄欖油，炒大蒜和嫩薑，再炒剩下的蔬菜類。
④把雞肉放回③，加入醃檸檬和橄欖，蓋上蓋子以小火蒸煮二十至三十分鐘。
⑤大致攪拌後，可依照個人喜好撒上胡椒。

檸檬炒透抽

材料（2人份）

透抽腳和鰭（1尾的份量）、醃檸檬1片、大蒜1瓣、乾辣椒1/2根、橄欖油1大匙、白酒2大匙、鹽、胡椒、義大利歐芹各少許、檸檬1/8顆、嫩生菜適量

作法

①將橄欖油、去籽的乾辣椒與壓碎的大蒜，放入平底鍋，以小火炒出香味。
②透抽腳和鰭切成方便入口的大小，加入鍋中以大火炒，再加入白酒、切絲的醃檸檬皮拌炒，最後撒上切碎的義大利歐芹、鹽與胡椒。
③將嫩生菜和②一起盛盤，旁邊擺上檸檬即完成。

＊擠上檸檬汁，與嫩生菜混合品嚐，會更好吃！

柚子胡椒

我第一次嚐到柚子胡椒，是在佐賀料理的餐館。吃生魚片時，餐館老闆推薦我「搭配本店自製的柚子胡椒品嚐」，我照著他所說的，一試之下驚爲天人。最近許多廠商紛紛推出柚子胡椒調味品，但我還是忘不了第一次吃到的那家餐館的柚子胡椒，於是決定自己動手做。材料只需青辣椒、青柚和鹽巴而已，用食物調理機製作很簡單，如果用研磨缽自己磨，就更能提昇香氣。

材料（方便製作的份量）

青柚的皮10顆份、青辣椒（與青柚皮等重）、粗鹽（青柚皮與青辣椒合計重量的25%）

作法

①以螺旋狀方式剝下青柚的皮，內側白色部分則用菜刀刮下。

②青辣椒去蒂頭，其中一半份量的青辣椒縱切成兩半後去籽。

③將①、②和粗鹽放入食物調理機打碎，打到剩下些許顆粒的泥狀，裝瓶放入冰箱冷藏約一個月。長期保存的話就放入冷凍庫，可維持鮮豔色彩一年。

＊處理青辣椒時，建議戴上拋棄式塑膠手套。徒手直接觸摸辣椒後，如果不小心用手揉眼睛可就慘了，要特別注意！

柚子胡椒拌芹菜雞肉

材料（4 人份）

雞胸肉1片、芹菜1根、紫色洋蔥1/6顆、山蘿蔔（Chervil）適量
〈A〉日本酒1大匙、鹽1小匙
〈B〉柚子胡椒1/2小匙、沙拉油1大匙、柚子汁（也可用檸檬汁）1大匙

作法

①雞肉抹上〈A〉，靜置十分鐘後，放入大量滾水中，等到再次沸騰後，轉小火煮兩分鐘，蓋上蓋子關火。放冷後，連同煮汁一起放入冰箱冷藏，然後去皮，撕成適當的大小。
②芹菜、紫色洋蔥切薄片。芹菜撒上一撮鹽，等它變軟後輕輕擠出水分。
③將①和②放入盆中，將〈B〉混合後沿著盆邊倒入。用手稍微拌過後盛盤，撒上山蘿蔔即可。

柚子胡椒炒切絲白蘿蔔皮

材料（4人份）

白蘿蔔皮1/3條的份量、麻油1又1/2小匙、柚子胡椒2/3小匙
〈A〉日本酒漬干貝（參考P.28）的酒1大匙與干貝2/3顆、味醂1小匙、水1大匙

作法

①徹底洗淨白蘿蔔的皮，切成5mm的細絲（切斷纖維）。
②平底鍋中放入麻油，把①炒到變軟為止。
③加入〈A〉，等到入味後，加入柚子胡椒稍微拌炒。味道不夠的話，可用柚子胡椒或鹽調味。

柚子鹽

柚子是我最喜歡的辛香料之一，煮麵或做燉煮料理等，一整年都會很想使用它。可惜的是，柚子的產季只有冬天，因此，只要有柚子時，我就會磨下黃色的柚子皮來冷凍保存，不過還是很容易一眨眼就用完。當我思索著有沒有什麼更好的保存方式時，於是想到可以做成柚子胡椒，進而想到是不是也能夠和大量鹽巴混合呢？於是試著把柚子皮和鹽，用食物調理機攪拌在一塊兒。因爲柚子鹽味道很鹹，煮菜時記得不要加太多，放一點點讓柚子發揮香氣即可。

材料（方便製作的份量）

柚子5顆、粗鹽（柚子皮重量的30%）

作法

①柚子剝皮，用菜刀切掉內側白色部分。
②將①和鹽放入食物調理機打成泥狀。
③將②裝瓶，放冷凍保存即可。

＊柚子鹽雖然是放在冰箱的冷凍庫中，不過因為鹽分含量多，所以不會結凍。使用時只要取出所需的份量，就能保持一整年都不會褪色。

滷水菜油豆皮

材料（2人份）

水菜1/2把、油豆皮1片、柚子鹽1～2小匙
〈A〉高湯300cc、味醂2大匙、薄口醬油1大匙

作法

①油豆皮以熱水去油後，切成細條狀。水菜大略切過。
②鍋中放入〈A〉後開火，再放入油豆皮和水菜，以中火煮。水菜煮軟後，加入柚子鹽大略煮過即完成。

柚子鹽瑪德蓮

材料（20 顆份）

蛋2顆、柚子鹽1小匙、蜂蜜1大匙、溶化的奶油（無鹽）90g
〈A〉低筋麵粉、白砂糖各90g、發粉1/2小匙

作法

①蛋打散備用。
②將〈A〉篩入盆中，正中央挖洞倒入①後混合。
③將溶化的奶油、熱過的蜂蜜與柚子鹽，加入②中混合，放入冰箱冷藏一小時。
④模型抹上奶油，拍上麵粉（兩者都另外準備），倒入麵糊裝至八分滿，放入預熱200度的烤箱烤五分鐘，再降至170度烤五至六分鐘。
⑤趁熱拿掉模型放冷即可食用。

麻辣油

我喜歡中國山椒「花椒」刺激的麻辣滋味，所以想要吃辣時，就會出門去吃四川菜，只有四川菜餐廳才能品嚐到使用大量花椒的料理。一邊喊辣、一邊吃完後，總會有一股爽快的感覺，身體好像也變輕了。想要簡單地完成四川風味料理，就可使用麻辣油，本食譜中使用韓國產的辣椒粉，能夠稍微降低辣度；花椒的香氣和舒服的麻味，則讓人愛不釋手。在普通的涼拌菜中，加入一匙麻辣油，一下子就能變身成四川菜喔！

材料（方便製作的份量）

花椒（粒）5大匙、長蔥綠色部分1根、嫩薑1塊、大蒜3瓣、肉桂2塊、八角1顆、麻油2大匙、沙拉油400cc
〈A〉辣椒粉（粗磨）3大匙、辣椒粉（細磨）、日本酒各4大匙

作法

①花椒炒到能夠以手指壓碎的程度，再磨成粉。
②鍋中放入長蔥、切薄片的嫩薑，以及壓碎的大蒜、肉桂、八角與沙拉油後，以中火炒。出現泡沫時轉小火，煮到大蒜和長蔥稍微變成金黃色，將材料用網子撈起。
③將〈A〉放入大盆子裡研磨混合，趁②還熱的時候加入〈A〉中。
④快速混合後，等辣椒沉入盆底，再加入麻油和①攪拌。裝瓶靜置一晚，就完成了。

口水雞

材料（4 人份）

雞腿肉280g、鹽2小匙、香菜適量
〈A〉水1L、紹興酒1大匙、長蔥綠色部分1根、嫩薑（壓碎）1塊
〈B〉水煮雞肉的湯汁50cc、醬油3大匙、麻辣油2大匙、砂糖2小匙、紹興酒2小匙、黑醋1大匙、麻油1小匙、大蒜泥1/2小匙、白芝麻2小匙、堅果（切碎）1大匙

作法

①雞肉抹入鹽巴，靜置一小時。
②鍋中放入〈A〉，煮滾後放入擦乾水分的雞肉，再煮滾，轉小火煮兩分鐘。離火蓋上蓋子，等待自然冷卻。
③放冷後，取出雞肉放入冰箱冷藏。切成方便入口的大小盛盤，淋上混合好的〈B〉，擺上香菜即可。

麻辣燉牛肉

材料（2～3人份）

牛腿肉薄片200g、沙拉油2大匙、芹菜1又1/2根、長蔥1/2根、豆瓣醬2小匙、麻辣油2大匙
〈A〉紹興酒1小匙、醬油1又1/2小匙、太白粉水2小匙
〈B〉雞湯1杯、醬油1又1/2大匙、砂糖2小匙

作法

①牛肉切成方便入口的大小，揉入〈A〉靜置十分鐘。芹菜和長蔥斜切。
②以大火熱過平底鍋，放入1大匙沙拉油，將芹菜和長蔥大略炒過後取出。
③放入剩下的沙拉油，以小火炒豆瓣醬，炒出香味和辣味。加入〈B〉煮滾後，加入牛肉炒開、炒熟。
④放回芹菜和長蔥，沿著鍋邊繞一圈倒入麻辣油後離火。

XO醬

我曾經有一陣子因爲白飯的美味，而沉迷於香港的粥品；總之，在香港就是有很多東西想吃，甚至只要有評價很好或當地人才會去的店家，我就會去吃吃看。當時遇見的就是某家店的「XO醬」，與在日本吃到的完全不同，可以吃到干貝和金華火腿的滋味，簡直是可以直接食用的XO醬了。而這道食譜就是我模仿香港那家店的XO醬，所製作出來的成品，可以用來搭配炒飯或熱炒，也可直接搭配白飯。食譜中，以生火腿代替不容易買到的金華火腿，就能做出充滿鮮味的XO醬。

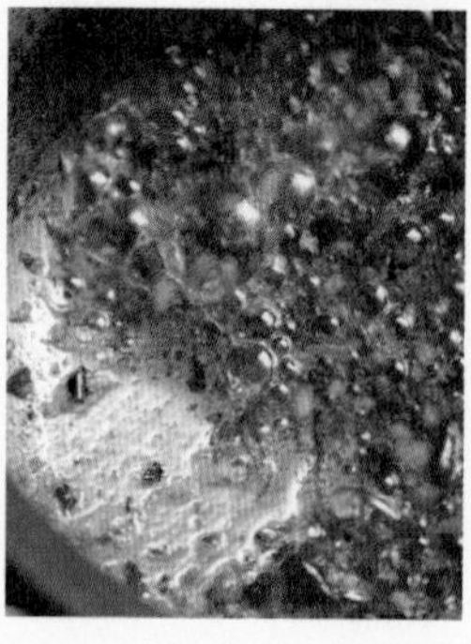

材料（方便製作的份量）

洋蔥1/6顆、大蒜10瓣、嫩薑1塊、生火腿30g、沙拉油100cc
〈A〉干貝6顆、乾燥蝦子20尾
〈B〉紹興酒2大匙、乾辣椒3根、鹽1小匙、砂糖1/2小匙

作法

①前一天就將〈A〉浸泡在日本酒（另外準備）中，讓它恢復濕度。
②洋蔥切碎後，抹上1小匙鹽（另外準備），瀝乾水分。
③干貝撕碎，大蒜、嫩薑、乾燥蝦子切碎，生火腿和乾辣椒切丁。
④鍋中放入沙拉油、洋蔥、干貝、乾燥蝦子、生火腿，以小火拌炒。蝦子和干貝炒出香味後，加入切碎的大蒜、嫩薑與〈B〉，煮到紹興酒收乾為止。放冷後裝瓶，放入冰箱冷藏，可保存三個月。

豆豉醬

「豆豉」是蒸過的黑豆發酵烘乾，所製成的中國特有調味料。直接吃會很鹹，所以將它做成泥狀的沾醬；裡頭已經加了嫩薑與大蒜，因此做菜時，就不需要再花時間切嫩薑和大蒜末了，相當方便。

重點在於，因爲鹹味只靠豆豉，所以做菜時可再加入醬油或鹽巴來調味。豆豉醬多半熱炒時使用，不過也可將它揉入切小塊的豬肉和蔬菜上，做成清蒸或加入燉飯，使用方式相當多變。

材料（方便製作的份量）

豆豉5大匙、嫩薑1大塊、大蒜3瓣、麻油、紹興酒各80cc、砂糖3大匙

作法

①豆豉、大蒜、嫩薑切碎。
②鍋中放入麻油、大蒜、嫩薑後開火，待嫩薑與大蒜出現細微泡沫時，轉小火煮一至兩分鐘。
③將豆豉加入②中，煮到出現香味後，加入紹興酒和砂糖，以中火攪拌，煮到湯汁變少。
④湯汁煮到剩下約一半時離火。放冷裝瓶，放入冰箱保存。

＊放入冰箱冷藏，可保存約兩個月。

番茄麻婆豆腐

材料（2 人份）

番茄1顆、板豆腐（瀝乾水分）1塊、醬油肉燥（參考P.42）2/3杯、長蔥1根、豆瓣醬、麻油2小匙、太白粉水1～2大匙、麻辣油（參考P.226）適量

〈A〉雞湯200cc、豆豉醬2大匙、醬油1～2小匙、砂糖1小匙

作法

①番茄和豆腐切成1.5cm塊狀，長蔥切末。

②鍋中放入麻油，加入一半份量的長蔥與醬油肉燥拌炒，再加入豆瓣醬以小火炒。

③將〈A〉加入②中，煮滾後加入豆腐煮五分鐘。

④加入番茄與剩下的長蔥，可以醬油調味，再加入太白粉水勾芡。依照個人喜好淋上麻辣油即可。

豆豉雞

材料（4人份）

雞翅膀8隻、鹽1/2小匙
〈A〉豆豉醬2大匙、醬油2大匙

作法

①將雞翅膀揉入鹽巴，靜置十分鐘。再揉入〈A〉，醃漬一小時。
②用烤箱或烤爐烤到焦脆即完成。

後記——讓重要的人歡笑的「魔法」

直到今日爲止，我製作過無數的罐裝食品。

老公最愛的油漬甜椒；廣受女性朋友們喜愛的雞肝醬與涼拌捲心菜；喜歡日本酒的男性朋友們一邊喊著「好辣」，一邊吃個精光的辣椒味噌……。

每一種罐裝食品，都是我一邊想著品嚐者會有的愉快表情，一邊製作而成。

如果只是爲了自己要吃，一定做不出那麼多罐裝食品，正因爲有賞光品嚐的人們稱讚著「好吃」或「可口」，這些聲音在背後鼓舞著我，等我注意到時，已不知不覺做了好多罐裝食品，也擴大了自己擅長的領域。

有些罐裝食品製作很費時，有時也會覺得「好麻煩」，但如果因此而偷懶，總覺得不只做出來的東西不美味，就連幸福也會跑掉。這種時候，我只要想到吃這些食物的朋友，他們臉上開心的表情，就能夠繼續努力下去。

因此，罐裝食品完成、關上蓋子的那一刻，我會說一句：「你要變得好吃喔！」如此一來，我的罐裝食品就成了能為親朋好友們帶來笑容的「瓶漬魔法」了。

希望你的餐桌上，也會因爲「瓶漬魔法」而充滿幸福……。

小寺宮（KOTERA MIYA）

Style 06

瓶漬魔法 人氣料理設計師的風格提案，無添加x美味x簡單的四季罐裝保存食

原書書名——365日、おいしい手作り！「魔法のびん詰め」：とっておきの保存食レシピが満載！
原出版社——三笠書房
作　者——小寺宮（KOTERA MIYA）

翻　譯——黃薇嬪
企劃選書——何宜珍
責任編輯——曾曉玲
版 權 部——黃淑敏、翁靜如、吳亭儀
行銷業務——林彥伶、張倚禎
總 編 輯——何宜珍
總 經 理——彭之琬
發 行 人——何飛鵬

法律顧問——台英國際商務法律事務所　羅明通律師
出　版——商周出版
臺北市中山區民生東路二段141號9樓
電話：(02) 2500-7008　傳真：(02) 2500-7759
E-mail：bwp.service@cite,com.tw
發　行——英屬蓋曼群島商家庭傳媒股份有限公司城邦分公司
臺北市中山區民生東路二段141號2樓
讀者服務專線：0800-020-299　24小時傳真服務：(02)2517-0999
讀者服務信箱E-mail：cs@cite.com.tw
劃撥帳號——19833503　戶名：英屬蓋曼群島商家庭傳媒股份有限公司城邦分公司
訂購服務——書虫股份有限公司客服專線：(02)2500-7718；2500-7719
服務時間——週一至週五上午09:30-12:00；下午13:30-17:00
24小時傳真專線：(02)2500-1990；2500-1991
劃撥帳號：19863813　戶名：書虫股份有限公司
E-mail：service@readingclub.com.tw
香港發行所——城邦(香港)出版集團有限公司
香港灣仔駱克道193號東超商業中心1樓
電話：(852) 2508 6231傳真：(852) 2578 9337
馬新發行所——城邦(馬新)出版集團
Cité (M) Sdn. Bhd. (458372U) 11, Jalan 30D/146, Desa Tasik, Sungai Besi, 57000 Kuala Lumpur, Malaysia.
電話：603-90563833　傳真：603-90562833
行政院新聞局北市業字第913號

美術設計——copy
印　刷——卡樂彩色製版印刷有限公司
總 經 銷——高見文化行銷股份有限公司　電話：(02)2668-9005　傳真：(02)2668-9790

2014年（民103）3月11日初版　Printed in Taiwan　定價300元
2017年（民106）3月20日初版7刷

978-986-272-540-5
商周出版部落格——http://bwp25007008.pixnet.net/blog

國家圖書館出版品預行編目

瓶漬魔法／小寺宮（KOTERA MIYA）著　黃薇嬪 譯
-- 初版. -- 臺北市：商周出版：家庭傳媒城邦分公司發行，2014〔民103〕 面；公分.
ISBN 978-986-272-540-5（平裝）　1.食譜　2.食物酸漬　3.食物鹽漬
427.75　　103002376

商周出版

廣	告	回	函
北區郵政管理登記證			
台北廣字第 000791 號			
郵資已付，免貼郵票			

104台北市民生東路二段 141 號 2 樓

英屬蓋曼群島商家庭傳媒股份有限公司

城邦分公司

請沿虛線對摺，謝謝！

商周出版

書號：BS6006　**書名：**瓶漬魔法　**編碼：**

請於此處用膠水黏貼

商周出版

讀者回函卡

謝謝您購買我們出版的書籍！請費心填寫此回函卡，我們將不定期寄上城邦集團最新的出版訊息。

姓名：＿＿＿＿＿＿＿＿＿＿ 性別：□男 □女

生日：西元＿＿＿＿年＿＿＿＿月＿＿＿＿日

地址：＿＿＿＿＿＿＿＿＿＿

聯絡電話：＿＿＿＿＿＿＿＿ 傳真：＿＿＿＿＿＿＿＿

E-mail：＿＿＿＿＿＿＿＿＿＿

學歷：□1.小學 □2.國中 □3.高中 □4.大專 □5.研究所以上

職業：□1.學生 □2.軍公教 □3.服務 □4.金融 □5.製造 □6.資訊
□7.傳播 □8.自由業 □9.農漁牧 □10.家管 □11.退休
□12.其他＿＿＿＿＿＿＿＿

您從何種方式得知本書消息？

□1.書店 □2.網路 □3.報紙 □4.雜誌 □5.廣播 □6.電視
□7.親友推薦 □8.其他＿＿＿＿＿＿＿＿

您通常以何種方式購書？

□1.書店 □2.網路 □3.傳真訂購 □4.郵局劃撥 □5.其他＿＿＿＿

您喜歡閱讀哪些類別的書籍？

□1.財經商業 □2.自然科學 □3.歷史 □4.法律 □5.文學
□6.休閒旅遊 □7.小說 □8.人物傳記 □9.生活、勵志 □10.其他

對我們的建議：＿＿＿＿＿＿＿＿＿＿

＿＿＿＿＿＿＿＿＿＿

＿＿＿＿＿＿＿＿＿＿

＿＿＿＿＿＿＿＿＿＿

＿＿＿＿＿＿＿＿＿＿

請於此處用膠水黏貼

STYLE

STYLE